换个想法
幸福生活

陈珊
编著

中国经济出版社
CHINA ECONOMIC PUBLISHING HOUSE
北京

图书在版编目（CIP）数据

换个想法，幸福生活／陈珊编著．

北京：中国经济出版社，2014.9

ISBN 978-7-5136-3461-8

Ⅰ.①换… Ⅱ.①陈… Ⅲ.①幸福—通俗读物 Ⅳ.①B82-49

中国版本图书馆 CIP 数据核字（2014）第 207333 号

责任编辑 陈 瑞

责任审读 贺 静

责任印制 马小宾

封面设计 华子图文

出版发行 中国经济出版社

印 刷 者 三河市佳星印装有限公司

经 销 者 各地新华书店

开 本 710mm×1000mm 1/16

印 张 14

字 数 225 千字

版 次 2014 年 9 月第 1 版

印 次 2014 年 9 月第 1 次印刷

定 价 36.00 元

中国经济出版社 **网址** www.economyph.com **社址** 北京市西城区百万庄北街 3 号 **邮编** 100037

本版图书如存在印装质量问题，请与本社发行中心联系调换（联系电话：010-68319116）

前　言

人的一生有快乐也有痛苦，在奋斗的历程中，我们不断地感受到贪婪、痛苦、迷茫、哀怨、烦恼、失落、偏执、抱怨、压抑，这些心结让我们步伐越来越沉重，仿佛这一生就是在痛苦中生活。其实，一个人最大的敌人是自己。在我们的内心深处，快乐与这些心结做斗争，倘若失败了，你便永远会被这些“病毒”吞没。所以了解并研究它们，成了我们必须要做的功课。

很多时候，我们感觉心累，那是因为内心当中的欲望装得太满，而我们却无法承受那么重的负荷。不如知足一点，知足才能常乐，我们的内心也才会轻松一点。

人生如果有太多忘不了，要知道，过去的已然成为过去，何必还要将它藏在心里？能拿得起，更要放得下，忘记失败，才能迎接到崭新的明天。

生活中我们难免会被一些负面情绪所困扰，比如，我们总是会因为生活中的一些小事而烦恼；动不动就会生气和失落；有时还会对生活产生无穷无尽的抱怨……最后这些负面情绪让我们感到无比的压抑，它们就像头顶上的一片乌云，遮住了美丽的阳光。

不如试着打开心结，清空心灵的回收站，停下自己匆匆的脚步，泡个澡、听听歌，你会发现，美好生活原来是那么的简单。

书中每一个心结都结合故事或者案例来分析，让你在其中找到自己的影子，只有这样，才能更真实地反映心结的结点所在，才能更快更好地将其打开。

每个人最永久的朋友是自己，只有自己成为自己的动力源，才能在这纷扰多变的世界找到最真实、最永恒的快乐。换个想法，幸福生活！

目　录

第三章 迷茫，“输”掉了心的导航

第四章 哀怨，空念过后的罪

第五章 烦恼，拖住了心的翅膀

第一章
心累，只因欲望太多

知足是一种心态

人们常说："知足者常乐。"所谓知足，就是对现有的生活或者状态感到满足，不和别人攀比，能够时刻保持一种平和的心态。

知足是对自己承受能力的一种正确认知，不缺不溢，刚刚好。就像一辆装货的马车，每次都想装载的货物多一点，但装的多不代表运的多，结果马竭尽全力去拉车，终究因为太累，无法承受负重而跌倒。

知足不等于停滞不前和甘于平庸，知足是调节自己对欲望取舍的一种最佳心态。欲望就像是酒，喝一小盅，你可以享受酒精带来的兴奋与喜悦，但喝过了头，你便失去方向，被酒精侵蚀，控制你的躯体。

古往今来，不乏不知足导致悲惨结局的例子。它们皆因欲望开始，又都终结于欲望，比如有的人为了名利不择手段，结果轻者损失名利，重者以性命作为代价。

唐朝有一位名叫王毛仲的官员深得玄宗李隆基的器重，因为他一直服侍玄宗左右并辅助其登上皇位。二人名为君臣，实际就像兄弟。玄宗对王毛仲的宠爱到了"或时不见，则悄然有所失；见之则欢洽连宵，有至日晏"的地步。一会儿不见就像丢了东西似的，见到了就高兴得忘记了时间，一待就是一个通宵。然而谁也没有想到，跟皇帝亲密无间的王毛仲日后竟遭杀身之祸。罪魁祸首就是王毛仲的欲望，他不满足现状，曾屡次要求加官进爵。

王毛仲曾屡立功勋，玄宗授与他左武卫大将军的称号，并进封霍国公，后又加开府仪同三司。此后十五年间，只有四人享此头衔，一是皇后的父亲王同皎，另外两个是名相姚崇、宋璟，第四位便是王毛仲。这是何等的荣耀，除此之外，物质上的奖励，生活上的照顾，王毛仲也总是得到的最多最好。

可他对此既不满足，也不感恩，反倒是欲望的火焰越燃越旺。他要求掌握兵权，于是向玄宗伸手要兵部尚书一职。玄宗断然拒绝了他的请求，因为有人向玄宗反映，王毛仲与皇宫御林军首领葛福顺已结姻亲，势力扩大，在朝中更是呼风唤雨。如果再让他掌握全国的军队，那皇帝日后可能都要看他的脸色了。遭到玄宗拒绝的王毛仲"怏怏形于辞色"，对皇帝的不满非常明显，这让玄宗很恼火。

开元十八年年底，王毛仲新添贵子，玄宗授予他的儿子五品官并派人送上玉帛黄金，王毛仲不仅不感恩戴德地磕头谢恩，竟然抱着襁褓中的婴儿很不高兴地说："这孩子难道就不配当三品官吗？"此后玄宗对不知满足的王毛仲彻底失望。王毛仲的命运由此走到了一个分水岭。最终，为消除后顾之忧，玄宗下诏贬王毛仲为瀼州别驾，在就任途中，派人将他杀害。

老子说："祸莫大于不知足，咎莫大于欲得。"不知道珍惜现有的，追逐名利没有止境，带来的只有灾祸和不幸。王毛仲命运的悲哀，就在于不知足。当今社会中，总是能听到抱怨的声音："要是有套房就好了；要是有辆车就好了；要是有一百万就好了……"

一味地追名逐利，只会让自己心累，看不到自己所拥有的快乐。懂得知足的人，不会让自己的心时常处于负荷状态，不会跟自己过不去。

但是如今能达到这种境界的人越来越少。在社会的喧嚣热闹中，生活节奏越来越快，人总是很难享受到快乐，因为在面对此起彼伏的欲望时，太多的人模糊了双眼。看看现在行走匆忙的人们，为了承受不了的名与利，上下奔跑，日夜烦恼，东西南北团团转，到最后，期望的快乐不但没有如期到来，自己反而沦为了欲望的奴隶。

人的欲望是无穷的，人们总是在一个欲望得到满足后，产生另一个更大的欲望，然后用尽自己的全力，甚至损害别人的利益来实现。在工作中，刚开始想的是能解决温饱问题就行了，随着自己工作经验的日积月累，又想到如何才能升职、如何才能让老板为自己加薪、如何才能出人头地，太多的人都是这山望着那山高，对自己的现状永远不满足，烦恼也就随之产生。

上帝的信使来到人间送信的时候，不小心睡着了，醒来后，他发现自己的翅膀不见了。只会飞翔的信使失去翅膀后沮丧无比，因为他什么都不能做。

人间正值寒冬，饥寒交迫的他，需要找一户人家帮帮他。可是敲了几次门，都因人家不相信没有翅膀的他是上帝的信使而拒绝帮助他。无奈，信使只能和碰到的一位牧羊人述说自己的遭遇。牧羊人说："你即使不是上帝的信使，我也会给你东西吃。如果你没有别的事可做，就留下和我一起牧羊吧。"

信使想，没有翅膀也回不去天堂，为保性命只能牧羊。信使除了牧羊，每天还梳理羊毛，然后把脱落的羊毛留下。日积月累，他开始为自己编织羊毛翅膀，终于有一天，天使在牧羊人目瞪口呆的注视下飞走了。过了不久，上帝的信使再次来到人间，找到牧羊人报答他对自己的救命之恩，希望可以为他做点什么。

牧羊人说："我的羊不够多，可以再给我100只羊吗？"天使答应了他的请求。这样，羊群增加了100只羊，可牧羊人比过去更累了。最后，牧羊人实在照看不过来，便找到信使，请求他把羊收回去，换取一艘大船。从未出过海的牧羊人完全不能驾驭船，几次风浪差点将船打翻。于是，牧羊人又请求用大船换了一辆马车。牧羊人驾着马车，却不知要到什么地方去，最后又把马车还给了信使。

信使问："你还有什么愿望吗？"牧羊人回答："什么都没有了。"信使说："人从来都有很多愿望，你怎么说没有呢？"牧羊人回答："愿望实现之后，我才知道这些根本就不属于我，我不但掌控不了，还成了我的累赘。"

信使说："那我送你一样无价之宝，那就是心态。你想有什么样的心态？"牧羊人说："我已经有了这样的心态，那就是知足。"

人之所以不快乐，就是想要得到的太多，到最后也许什么也得不到，甚至可能付出更大的代价。其实越想得到，就越容易失去。

我们每个人从出生的那一刻起，就注定了会和一些东西失之交臂，感情上、事业上，总有些东西是我们得不到的，所以不必苛求那些得不到的，如果过于执着地追求，只能给自己徒增烦恼。因为一个人的能力有限，精力有限，根本无法全部掌控。

所以，每个人都要学会知足，快乐就建立在这两个字之上，学会在繁忙的生活中抽出时间审视自己所拥有的，审视自己的能力，审视自己的家庭，审视自己的朋友。学会对自己说："你已经非常富有，你是幸福的。"并对自己所拥有的报以感恩之心。时刻提醒自己知足是一种习惯，是一种美德，是一种修养。把知足当成待人处世的一种心态，不久你就会发现自己开始轻松和快乐，精神也告别了紧张和焦虑，生活里处处都是和谐的阳光。

别为满足欲望找借口

有这样一则小故事：曾经一位商人研修佛学多年，深感佛学的高深莫测，决定捐出别墅和轿车，抛弃万贯家产，只穿单薄的道服，前往山中清苦修行。几天过去，他的道服肮脏破旧，还散发出一股怪味，他于是下山来，到附近村庄向村民要一块布来缝一件新的道服，以方便换洗。村民认为他是一心向善的修道人，于是大方地给了他一块布。

返回山中没过几天，他发现刚换下来的衣服被老鼠咬破了洞。没有办法，他不得不再次下山，向村民要了一只猫。几个星期过去了，他发现猫越来越瘦，原来猫抓光了老鼠，没有了食物。看到猫因跟他吃斋而日渐憔悴，好心的村民又送给他一根钓竿，让他钓鱼来喂猫。修道人这可犯了愁，因为修道就要遵守不能杀生的戒条，怎么可以钓鱼来喂猫呢？于是他再次下山，在村庄中找到一名乞丐，用食物作为报酬来雇用乞丐帮他养猫。

这名修道人很快就发现，自己化缘得来的食物，根本无法喂饱两个人。

于是他便发挥经商头脑，用茅草搭建了简陋的庙宇，用木头雕刻了佛像，不久，很多周围的村民都到这里上香。靠着信徒奉献的微薄香火钱，刚好支付两人的生活开支。

但每到下雨天，就有信徒向他抱怨茅草屋不停地漏水，实在很麻烦。于是，他便开始募款，不久后筹足经费，兴建起水泥搭建的寺庙。有了这样气派的寺庙，原来的木雕佛像就显得太寒酸，于是有人就捐赠了精雕细琢的镀金佛像。此后，前来参拜的信徒越来越多。几年后，庙宇被装修得金碧辉煌。某天，修道人清点自己的财产，赫然发现自己的存款竟比过去做生意时还多。

故事到这里并没有结束。后来，修道人利用积蓄又修建了几座庙宇，想要赚更多的香火钱。就这样，修道人从一开始为一点小小的欲望寻找借口，到后来欲望越来越大，直至走到了永远无法满足的地步。最终，修道人发现自己的这一场修行是一场徒劳。

欲望就像是一条锁链，一个套着一个，在不经意的时候占有你的思想。然而更加可悲的是：人们总能为每一次欲望找到足以说服自己的借口。

在今天，每个人都忙着拥有，物质生活的极度膨胀，让一些人开始追逐梦寐以求的东西。求名求利，将欲望的导火索推给社会和他人，用适应社会和跟上时代为自己开脱。

到最后，我们花了大半生争取财富，却没有时间享受；我们的房子越换越大，但越来越少人住在家里；我们的交通工具越变越快，但步伐却越来越急。我们总是不满足已经得到的，目光永远只看到前面。欲望的持续增长让我们的内心变得越来越寂寞。

曾经热播的电视剧《蜗居》，里面的女主角海藻，曾是一个薪水不高的打工一族。面对生活的窘迫，姐姐买房的压力，海藻对人生变得有心无力。无奈之下，海藻向宋思明借了四万块钱，但欲望从此开始。上千元的大衣，姐姐的房贷，在金钱的诱惑下，海藻一步步陷入宋思明给她提供的无限物质支持中。最终,海藻在无边欲海中迷失了自己。

生活中,人是应该有理想,有愿望,有目标。但欲望与它们不同,欲望是人对客观世界的强烈要求。欲望是无止境的,懂得克制的人,会将欲望转化为愿望,可一旦放纵,人便会在欲望的沼泽里越陷越深。

学会克制自己的欲望,进而达到无欲,这是个过程,需要我们在人生当中去修炼。无欲则刚,没有欲望,人也就有了气节和风度。千仞峭壁之所以能巍然屹立,是因为它没有世俗的欲望。给自己的心靠岸休息的时间,不为满足欲望找借口,让自己有精力去体验这个精彩的世界。

过于贪婪只会愚弄自己

人性中的欲望与生俱来,如果不加以节制,反而沉湎于欲望,就会变得贪婪。一位哲人曾说,欲望会随着贪婪的增加而增加,而痛苦也会随着欲望的加深而加深。贪婪就像毒品,当你沉浸在它带来的短暂快感时,它也在悄悄地侵蚀你的身体,直到付出沉重代价。这时你若能够幡然悔悟,就会发现其实早在贪婪萌芽时就该将其湮灭。

著名作家刘墉曾借坐火车诠释了贪婪的本质:火车车厢内拥挤不堪,无立足之地的人想,我要是能有一块站的地方就好了;有立足之地的人想,我要是能有一个座位就好了;有座位的人想,我要是能有一个卧铺就好了;有卧铺的人想,要是一个独立的包厢就太好了。生活中的一些人和这车上的乘客一样,总是不满足自己所拥有的,所以快乐也就离他们很远。

这个世界,我们会对很多东西贪婪,金钱、地位、美色,任何一项都可成为我们成功或者失败的缘由。古往今来,多少帝王将相因为过分贪婪而走向覆灭,最后落得遗臭万年。本以为可以占有一切的,到最后才发现不过是愚弄自己,虚梦一场。

一位书生上京赶考，赶上暑天最热的时候。到了中午，书生随身带的干粮和水早已用完，他饥渴难耐，嗓子好像冒了烟，便急切地寻找水源。

正在这时，他听见潺潺的水声，闻声寻去，只见一条清澈见底的小溪蜿蜒而过。真是上天开了眼，书生挽起袖子，准备舀水解渴。刚要下手时，书生却犯了难，他想："那么多水我喝不完怎么办？这么清凉的水不喝完，岂不可惜？"

恰巧来了一位取水的路人，见他呆呆望着水却不喝，心生疑惑，便问道："这么热的天，你难道不渴吗？"书生满脸愁容地说："我十分口渴，好不容易找到这么清澈的溪水，我怕我喝不完，所以一直苦恼到现在。"

路人惊讶地说："你只要喝饱就可以了，何必将溪水都喝完呢？"

或许你在生活中也曾像这个书生一样口渴，但由于贪婪整条溪水，最终一口水也喝不到。贪婪是人心中最难缠却又必须化解的心结，贪婪能够蒙蔽人的双眼，让人一味遭受欲望的驱使，没有一丝时光来领悟生活的真谛。

塞尼加是罗马杰出的政治家及哲学家，他曾说："如果你一直觉得不满足，那么即使你拥有了整个世界，也不会快乐。"难道不是吗？的确，人生最大的苦恼，不是自己拥有的太少，而是自己向往的太多。凡事适可而止，才能为自己把握好人生方向。

古时候，一个非常富有的员外外出郊游，路过一座小桥，听到桥下有人在哀叹，便上前去看，原来是个乞丐，好奇心驱使他上前问个究竟："请问你怎么了？"

乞丐答道："我已经很长时间没有吃饭了，若能让我吃上一顿饱饭也就满足了！"

员外心生疑惑，这个世界果真有如此容易满足的人吗？想想周围的同僚，每一个人都为加官进爵、扩增家产、续妻纳妾而劳心费神，为了验证世界上真的存在不被贪婪操纵的人，员外想做个试验。

于是，员外对乞丐说："我能给你一顿饱饭，跟我回家去吧！"回到府中，员外吩咐下人为乞丐准备了一桌丰盛的酒菜。眼看乞丐酒足饭饱，员外说道："饭吃饱了，感到满足了吗？"乞丐立刻跪在员外脚下，拉着员外的长衫说："大恩大德的员外，感谢您赏赐我一顿这么好的饭菜，您看您家大业大，不如让我给您做一名仆人，日夜伺候您，来报答您对我的救命之恩！"

员外想了想，也好，他要看看乞丐是贪婪还是感恩。

一晃半年过去了，乞丐在员外府中生活得非常惬意。府中本来奴仆众多，根本用不着乞丐做什么事，因此乞丐不但衣食无忧，而且终日在府中游玩闲逛。

一日，员外碰到乞丐，问道："你现在快乐吗？"乞丐一脸愁容，立刻跪在员外脚下说："大恩大德的员外，感谢您收留我，我现在衣食无忧，不如让我在府中娶妻生子，好让我的妻子儿女一起来报答您的恩德！"员外听了仔细打量了乞丐一番，近半年的丰衣足食，让乞丐满面红光，眼神也不再那么愁苦，甚至还透露出一丝圆滑。想起以往的经验，员外开始怀疑乞丐的真诚。

乞丐娶妻生子后更加得意了，可不到半年时间，乞丐再次找到员外，要求纳妾。得意忘形之余，他又要求员外升他为府内总管，还要求额外薪水。就这样，一而再，再而三的不断请求，让员外对乞丐彻底失望，终于收回了乞丐的一切。

乞丐的贪婪让本来衣食无忧的他又失去了一切，回到原点。员外的验证失败了，贪婪的人常常幻想不劳而获，他们很容易被事物的表面现象迷惑，甚至难以自拔。等事过境迁，后悔晚矣！

佛经里认为外界所有的一切都是浮萍掠影，过眼云烟。贪、嗔、痴是人生的三大苦难，只有真正的看懂悟透，才能透过表象看真实的世界。用心去感受、聆听这个世界，才能不受贪婪的牵引。

在欲望与贪婪之间还有一个过渡叫控制，控制像一个阀门，一旦打开，贪婪便像洪水一发不可收拾。所以要学会控制自己，远离贪婪。欲望并不可怕，可怕的是被贪婪控制。时刻提醒自己过于贪婪只会愚弄自己，把一切都看得平淡些，看得轻松些，不要期望太高，也不要过分地苛求。

要懂得惜福

古时候，有两个年轻人一起到山中寻宝。他们历经了艰难险阻，终于在一个石洞中发现了宝藏。看到琳琅满目的珍宝，二人欣喜若狂。

一个人将尽可能多的珍宝装进自己随身携带的袋子里，另一个人则挑挑拣拣，选了他认为最值钱的一块。前一个人嘲笑他的智商不够，竟然只拿一块。

二人走出石洞，满心欢喜地回家去。一条河挡住了他们回家的路，见没有船只，只拿一块珍宝的年轻人纵身跳入河中，准备游过去。另一人也尾随其下，但他身上的珍宝实在是太重了，刚游没一会儿，就已经筋疲力尽。

前方水流开始变得湍急，只拿一块珍宝的年轻人大声告诉另一人，让其将身上的珍宝丢掉才能保住性命。背负太多珍宝的年轻人实在是舍不得，终于，背上的珍宝将他慢慢拖入河底。

面对诱惑，人们总是唯恐自己得到的太少。一味地多拿只会像故事中沉入河底的年轻人一样，让欲望成为负累。故事的结尾很具讽刺意味：拿得多的不但付出了更多的劳动，而且丢掉了性命。反观生活中的人们，对待生活也是如此，与其被欲望吞噬，不如握紧手中最好的。

收获本身是一件愉快的事，但很多人最后并不快乐。有些人取得了梦寐以求的东西，却很快厌倦，想要得到更好的。他们总是不断收获，不断抛弃，反反复复，不懂得回过头珍惜已经拥有的幸福。

不懂得惜福的人，像一个漏了底的杯子，总是填不满，体会不到生命的充盈感。惜福的人，像一个水池，慢慢地汇聚，水少的时候，他们满意自己的清澈见底，水多的时候，他们满意自己能够滋养水草和鱼类。当同样的水流注入,前者什么都留不下,后者却能得到最丰厚的人生体验。

懂得惜福,是对收获的尊重。这个世界欲望太多,懂得惜福的人知道适可而止,不被欲望牵引,却能让自己的欲望为自己效力,最后得到自己想要的。珍惜现有的幸福,不奢望缥缈的未来。心累只因欲望太深,对未来的寄托太重,但如若没有真实的现在,未来还会幸福吗?

有这样一则小故事:

古时候有一名老员外,拥有富可敌国的家业,妻妾成群,儿孙满堂,但整日都满脸忧愁,苦苦思考如何扩大家业。已过不惑之年的老员外,终于因过度劳累而病倒了。

在病床上,他依旧不忘差遣下人盯紧各地生意的进展,也不忘询问其他生意的开拓方法。在他的眼中,只有未来的财富和地位。转眼半年过去,老员外的病不但不转好,反而更加严重了。

请了很多名医前来诊治,都不见成效。慢慢地老员外的脾气变得越来越暴躁,他开始责骂他的妻妾没有照顾好自己,辱骂他的下人不懂得打理生意,更甚至他连窗外的风景都看不顺眼。

家人看到老员外的身体每况愈下,不得不请来一位高僧指点迷津。老员外看到坐在床前的僧人,顿时火冒三丈,并骂道:“我还没死呢,你来为我念经超度吗?你快点给我滚开……”只见高僧不但不生气,反而转身对他的家人说:“我知道他的病根了。”家人大喜,赶紧请高僧为员外诊治。

高僧看看老员外,说道:“他太穷了,身无分文,我给他看病都怕他付不起诊费。”

老员外听到此话异常愤怒,骂道:“你这个穷和尚,敢说我穷,我有良田百亩,金银无数,我是当地最有钱的人。”

高僧笑道:“既然你知道自己这么富有,那为什么不懂得好好享乐呢?为什么心中还有这么多怨气?”

老员外愣了一下,陷入了沉思,心想:“是啊,我已经非常富有了,为什么还要过分追求呢？只有懂得惜福才能带来快乐，才能享受其中。”

想通之后，老员外倍感轻松，忙跪谢高僧。

懂得惜福，认为现在的拥有已是幸福，对于未来，坦然处之。懂得惜福不是甘于现状，而是懂得满足，把握现在。对未来的欲望太重，只会让我们的心累。人生若只活在“得不到”的将来和“已失去”的过去，怎会有长久真实的快乐呢？

所以能够对过去抱以尊重但不滞留，对未来抱以期待但不奢望，把握现在，活在当下。珍惜现在一切的缘分和拥有，烦恼、忧愁、痛苦便不敢靠近你，因为这些都是对于过去和未来的欲望太深。要解除烦恼，解脱痛苦，就要懂得惜福。

羡慕别人的幸福，不如坚守自己的沉香

一位年迈的富翁，家财万贯，无奈膝下只有一个儿子。富翁一直担心在自己死后，儿子因继承全部家产而变得骄奢懒惰，他希望儿子能走一条自己的路，不因父辈留下的家产足够多就不奋斗、不努力了。

于是思来想去，富翁想出一个考验儿子的办法。他将儿子叫到跟前，把自己身无分文到现在的万贯家财的奋斗历程一点一点地讲给儿子听。这其中有太多的辛酸，年迈的富翁回忆起来忍不住流泪，儿子也深受感动，表示要像父亲一样历经万难险阻也要坚持成功的梦想。

次日，儿子便独自一人去寻找财富。他跋山涉水、历尽千辛万苦，终于在南部地区的热带雨林找到一种能发出浓郁香气的树木。砍下一棵，他发现这种树木不像其他树木一样浮在水面上，而是沉到水底。他认定这是价值连城的宝物，便满怀信心地把香木运到市场去卖。

可他的香木始终无人问津，而旁边卖木炭的生意却出奇地好，转眼间就

销售一空，这令他非常失望。从未受过打击的儿子像热锅上的蚂蚁急得团团转，不知如何是好。最后，他想还是等等看吧，这么好的香木一定会等到识货的行家。

只见卖木炭的人又很快卖光一车，富翁的儿子终于等不及了，于是决定改变自己的初衷，把香木也烧成木炭来卖。果然不出一会儿，他的木炭也卖光了，他为自己的决定感到高兴，于是迫不及待地赶回家告诉父亲自己的这一“聪明”举动。

谁知父亲听完他的话后却开始哭起来。父亲说：“儿子，你烧成木炭的香木，正是这个世界上最珍贵的树木——沉香，只要切下一块磨成香粉，它的价值就远远超过一车的木炭啊！”

儿子幡然悔悟。

儿子没有守住自己的“沉香”，说明儿子还没学会人生当中最重要的品质，那就是坚守自己。失去自我，其他的一切都是空谈。富翁正是看到这一点，才为儿子流下担心的眼泪。

一味羡慕别人的幸福，嫉妒别人的所有，反而会迷失双眼，看不到自己“沉香”的真正价值，或者看到了，但由于世俗环境的影响，而变得动摇，甚至怀疑它的价值。于是，随波逐流，丢失自己最宝贵的东西。

人生在世，每个人都是独立的个人，正所谓“天生我材必有用”。坚守自己是自信的开始，坚守自己才能看到自己所特有的美好和价值，不去羡慕别人。“这山望着那山高”，总是贬低自己抬高别人，在这个过程当中，不仅给自己的心蒙上尘埃，快乐也随之远离。

其实，在你羡慕别人的同时，正有人羡慕着你的“沉香”，每个人都有各自的闪光点。今天羡慕这个，明天羡慕那个，到头来只活在别人的世界里，找不到自我。自我需要坚守才能不断加强，坚守并不是固己排外，是对自己所拥有的东西的一种正确的认知。

佳佳是某大学电子系的一名学生，上大学之前，佳佳从未到过任何一座城市。佳佳本身没有漂亮的脸蛋和婀娜的身材，出身农村的她更不会打扮，不懂得化妆，没有高跟鞋，所有都市女孩拥有的一切她都没有。

刚进学校，宿舍的人都不愿与她做朋友，军训的时候没有一个男生和她说话。这在任何一个女孩看来，都是最沉重的打击，都一定会满脸愁容，懊恼沮丧。但佳佳没有，天生开朗的她，即使别人不愿理她，她也会主动帮助大家做一些力所能及的事情，比如打水、打扫卫生、送纸巾等。渐渐地，大家都注意到这个样貌普通的女孩原来是那么开朗友善，便不会时不时地嘲笑她了，有的人还和她做起了朋友。

半年后，佳佳当选为班长。在竞选时，她的演讲感动了所有人，她这样说道："我是一只丑小鸭，我知道自己不漂亮，也没有多余的钱修饰自己，但是我相信我有开朗的性格，强韧的耐力，不服输的态度，这些都是我的优点，我相信通过我的真诚，我的努力，会让大家喜欢我，接受我，有一天我也会成为一只白天鹅！"

"与其临渊羡鱼，不若退而结网。"佳佳正是守住了自己的"沉香"，她相信自己的"沉香"一定会浮出水面赢得大家的羡慕。玫瑰很美，小草也不必自卑。玫瑰有玫瑰的芳香，小草有小草的青翠。别人有别人的优点，自己有自己的长处，就看你自己是否能够发现并且坚守。要知道，上帝其实很公平，他赐予每人一块属于自己的"沉香"。

守住自己的"沉香"，首先做到不要总拿自己和别人比较。因为在这样的比较中，要么产生自卑心理，要么滋长骄傲情绪。无论哪一种结果，都会使你偏离自己最初的轨道。比较结果只会蒙蔽你的双眼，让你后悔莫及。

在日复一日、年复一年的生活和工作中，容易产生浮躁和虚荣，但这些都不应该成为浮躁的理由，而应该成为磨砺你意志的坚石。坚守自己的"沉香"能够让你变得自信而阳光，能够在生活和工作中经得起时间的考验，从而崭露锋芒。最后还要拥有闲看云卷云舒、花开花落的淡定，才能真正经受得住各种各样的挑战和考验，从而走上风光无限的彼岸。

人生的路需要慢慢走

现在超市里有一袋袋剥好的瓜子仁、核桃仁、杏仁等，除去坚硬的外壳，剩下白而饱满的果实，禁不住诱惑，买回一袋瓜子仁，决定品尝一下这“不劳而获”的美味。

一整袋的瓜子仁，如果用手剥的话，少则一下午，多则一整天。现在就那么呈现在眼前，任谁都会垂涎三尺。赶紧抓一小把放进嘴里大口咀嚼，心想，还未有过这样的体验，直接进入第二步，感觉妙哉！

然而，咀嚼的过程中，却怎么也品不出平时一粒一粒磕出来的香甜。再来一口，还是如此，全然没有了延续下去的回味，也就失去了吃瓜子的乐趣。

瓜子如此，速冻饺子也是如此，收到的邮件更是如此。现代科技让我们的生活更加方便，但同样也使我们更加忙碌。马路上匆匆的脚步，塞车后不停按动的喇叭声，吃饭时的狼吞虎咽等，我们的人生像上了发条一样停不下来，忙碌让我们忘记了什么是生活，什么是人生。

人生的路需要慢慢走，享受每一个过程，不能只看重结果。就像瓜子仁，失去了磕的过程，瓜子仁也变得无味。我们就是在一步步看似淡然的过程中，感受到生活的甜酸苦辣。如此，人生才充满了乐趣。

《行者无疆》是余秋雨先生的一部大作，他在这本书中写道：“中国人刻苦耐劳，偶尔也休息，但那只是为了更好地工作；欧洲人反过来，认为平日辛苦工作，多半都是为了休假。因为只有在休假中，才能使杂务中断，使焦灼凝冻，使肢体回归，使亲伦重视，使人暂别异化状态而恢复人性。”

一个从事金融行业的年轻人，五年前来到北京，从刚毕业的大学生一路走来，成为现在的资深金融顾问。他深知这一切都来之不易，唯恐有一天被人赶超，所以每天都把神经绷得紧紧的，时间也被传真、资料、合同以及各种方案充塞得满满的。

一天，他仍然如往常一样，加班到很晚走出公司大楼。深夜的北京是如此寂静，路上出租车也已经很少了，走了很远都没有叫到。于是，他便慢慢地走在这条每天来往几遍的路上，走着走着，他突然惊讶地发现，北京城的夜晚原来是如此的美丽。四处灯火绚烂，高楼大厦像一座座华丽的宫殿，一路上还有许多快乐嬉闹的少年。此情此景，不禁让他想起美好的大学时代。那时，每天下了晚自习，他便和几个好友一起走在街上，感受繁华、畅想未来。

霓虹灯的闪烁像曾经青春的热血，五年了，这位年轻人都没有停下来好好思考过人生。曾经以为的幸福难道就是现在的奔波与忙碌吗？父母含辛茹苦供自己读书，就是为了今天用健康换取的职位吗？

站在路口，他突然想起在大学看过一本书，上面介绍了一位餐饮巨头总结的成功之道：在其连锁店中能提供给顾客的，永远是17厘米厚的汉堡与4℃的可乐。据相关研究人员发现，这是令客人感觉最佳的口感。

他赫然发现，每个人都有一个属于自己的幸福标准，而只有放慢身心去感受才能领悟到幸福的奥妙。刻意追逐不仅让自己心累，反而会丧失欣赏过程的机会。

从那天夜里开始，他决定放慢脚步，寻找属于自己的温度和高度。他要扔掉那些对他来说不切实际的追求，他要聆听自己内心的声音。慢慢地，他终于发现原来走路都是这样美好的事。

慢步人生，并不代表慵懒或拖拉，而是在快节奏的社会中为自己的心设置一个减速器和转换器，心的速度不随外界而改变，但同样能适应外界。放慢脚步是让自己驻足在当下，不为未来，不为过去，只为现在。

我们改变不了世界，但可以改变自己。心智上，从原来的紧绷和焦虑改变成放松和平静，想想如果让未来不确定的事化作压力把自己束缚，不如用这些时间享受过程的美好和沿途的风景。在行动上，我们可将手头的事情分为四个层次：重要不紧急、重要紧急、紧急不重要、不紧急不重要。将事情归类，排好处理的顺序，思路清晰，便不会因为一团糟不知从何下手而浪费时间。

一天的时间永远是24个小时，我们人生行走的速度不应随着外界运转的速度加快而加快，那样只会适得其反。就像钟表，它永远都是一秒滴答一下。慢慢走自己的人生，细细品味每一个细节，既然我们有机会来到这多彩多姿的世界，就应该像一个旅行家，不仅要跋山涉水，走完我们的旅程，更要懂得欣赏与流连。放慢脚步，充分享受生命的过程，心性便会被源源不断的美丽所滋养。

用减法过生活

生命本身就是对“我”这个个体的一种“加法”，然后便源源不断：生理的满足、物质的享乐、人情的温暖、业绩的肯定。再后来，这加法的速度越来越快，情形也越来越急：多加份薪水，多加些成就，多几个朋友，多几分幸运……可谓多多益善。

但加的太多以至超出我们的负荷，便会为其所累。唯有用减法，才可以平衡生活。正如于丹所说：“人到三十岁以后，就应该开始学着用减法生活，也就是学会舍弃那些不是你心灵真正需要的东西。人的内心就像一栋房子，刚搬进去时，都想着要把所有的家具和装饰摆在里面，结果到最后发现这个家被摆得像胡同一样，反而没有让自己能够落脚的舒服地方了，于是开始学着舍弃或丢弃一些不需要的东西……”

人的一生会尝试很多，例如我们选择行业，开始觉得自己做什么都可以，慢慢发现原来最适合某一大行业，随着阅历的增长，经验的储备，最后只会选择这一大行业中的一个方面。当生活的旁枝末节被剪得越多，生命的主干就保留得越清晰，人也会变得越成熟，对生活也会看得越清楚，快乐也会更多。

相信很多人都有过这样的经历：手机短信的收件箱满了，屏幕上方的那个邮件小标识一闪一闪的，似乎在提示着机主必须删除一些收件箱的短信，才有空间接收新来的下一条。

其实，从某种意义上讲，世间万物都是有限的，包括那“比海宽比天广”的人心。只进不出，早晚有塞不进去的时候；只加不减，也早晚会有被彻底压垮的一刻。但现代物欲的充斥，让人们不得不跟随欲望的牵引不断做加法，并永远不会满足。加得越多，越害怕做减法，甚至谈“减”色变，患得患失。友情的失去、成绩的退步、生意的亏损，都会让我们沮丧，让我们畏缩。于是，人们便死死抱着这样一种态度，守着这样一条底线：拒绝做减法。

最后，便会有太多这样、那样的心痛和叹息。

原晓娟，一个已离我们远去的才女。

1994年毕业于中国人民大学中文系。在她短暂的生命里，曾参与创办《婚礼》杂志；参与创办《信息与家庭·美食》，任主编；参与创办《时尚先生》，任主任编辑；还有参与创办时尚集团第15本杂志《美食与美酒》，任编辑部主任。

她以“鼠尾草”为笔名，在新浪及搜狐网上创立的博客“花花世界”受到广泛欢迎。2006年11月，“花花世界”参加德国之声全球博客大赛评选，获得“国际最佳博客”和“中文最佳博客”奖。此前，她曾参加新浪博客大赛，获得最佳私人日志一等奖。

她很优秀，并执着于完美，一刻不停地追赶成功的背后，其艰辛是可想而知的。可就是这样一位优秀的女人，在不停地为人生做加法的时候，却让她失去了最为可贵的内核——34岁时，被医院确诊为胃癌晚期。她如同流星一般，绚烂地划过天空，留下美丽后，却消逝于天际。

有些人痛心，因为她是美丽的女人；有些人扼腕，因为她拥有让很多人昂首的魅力。就像演员陈晓旭曾说：“我发现物欲的增长并没有给我和家人带来真正的快乐。”一味地追随欲望，不懂得给生活做减法，最终伤害的是自己。

马云的成功在于他只做对了一件事，那就是阿里巴巴，若当时他又想做网络又想做实业，还想做老师，相信也就没有今天的马云了。梦想确实是人生不断向前的动力，但一旦抓住梦想的翅膀之后，就不要左顾右盼，否则会由于定力不稳而失去原有的梦想，甚至摔伤自己。

为生活做减法，就是为了坚持既定的方向，不会因中途出现的诱惑而迷失，欲望产生梦想同时也能扼杀梦想。在世间游历得太久，就会发现内心的快乐会因欲望的充斥而被挤走，德川家康说过：“人生不过是一场带着行李的旅行，我们只能不断向前走，并且沿途不断抛弃沉重的包袱。”

Lily是在北京工作的一个小白领，几乎每半年都会换一次工作。频繁地换工作也就意味着要重新租房子，租房不难，但搬家对于Lily来说实在是一件头疼的事。她的行李太多了，光衣服就装了满满的三个衣柜，鞋子、化妆品、饰品更是数不胜数。原来Lily热衷于购物，每月工资将近一半都花在购物上了。

有一次出差，本来说好三天，于是Lily只带了两套换洗的衣物。但由于客户方出现问题，需要一个礼拜的时间去解决。Lily不得不两套衣物换洗来穿，出差终于结束了，回到北京的Lily看到杂乱成堆的衣物，想想每天竟然为犹豫穿什么而迟到，她陷入了沉思。

衣服太多，即使不再适合自己的，也不舍得送人或丢弃，成为自己的负累，并影响自己的抉择。其实两套衣物已经足够，何必自寻烦恼呢？

生活也是一样，想想在北京的工作生活，每天都感觉忙忙碌碌，几年下来，仍旧一无所有，反而丢失了原本快乐的心情。就像买衣服，因为漂亮的太多，总也买不完，而就在这过程中，逐渐迷失了自己。

Lily开始清理自己的衣柜，整理自己的生活，为自己做减法。看到摆放整齐的衣物，清晰明朗的生活方向，Lily知道快乐的感觉正慢慢回归。

人生当中，真正有益的事情并不是获取更多，而是有选择地为人生做减法。去冗除繁，是用减法生活的一种体现，也是一种人生的成长方式。同时，只有那些真正体验过人生百味的人，才会拥有这样洒脱而成熟的智慧。如此，我们的内心将会因为外在冗繁的减除而实现生活真正的丰盈。

体会不到快乐是因为想拥有太多

为什么孩子们总是容易快乐？因为他们的要求单一而纯粹，没有更多的“附加值”。对于一个喜欢零食的孩子来说，一座金山也不如一包糖果能令他快乐；对于一个喜欢在野外玩耍的孩子而言，一团可以变幻出各种玩具的黏土胜过满屋子的高级玩具。

快乐其实很简单，生活原本也没有那么多的烦恼。宋代诗人辛弃疾有一句名言：“物无美恶，过则为灾。”因为拥有超出了我们快乐的标准，便带来痛苦。佛祖说，满足不在于多加柴草，而在于减少火苗；快乐不在于积累财富，而在于减少欲念。

据说，蜈蚣在被造物主创造出来之前并没有脚，但依然爬得像蛇一样快。有一天，蜈蚣亲眼目睹了豹子和羚羊的追逐，它发现它们跑的速度是自己的上千倍，心里非常不高兴，便开始抱怨造物主：“造物主真是小气，一只脚都不舍得给我。要是我也能有脚，我一定可以超过它们。”

蜈蚣的抱怨被造物主听到了，一挥手就把许多只脚放在了蜈蚣的面前，任凭它自由取用。蜈蚣迫不及待地拿起脚往自己身上贴，从头一直贴到尾，直到再也没有空余的地方。看着这密密麻麻的脚，蜈蚣开心得不得了，心想：“这下我可以跑的比箭还要快！”

然而等它迫不及待地准备“一路狂奔”时，蜈蚣才忽然发现自己完全不能掌控所有的脚。每一只脚都“各行其道”，蜈蚣费尽全身力气都不能使所有的脚保持一致。一大堆脚相互牵绊着，这么一来，蜈蚣跑得比以前更慢了，并且还累得气喘吁吁。

过多的欲望从表面上来看，也许是得到了；但事实上，从长远的发展来看，最终得到的都不会很多。想来，人之所以活得疲累，不是因为使之快乐的条件没有攒齐，而是想要拥有的东西太多，从而成为痛苦的奴隶。

生命如同一段旅程，在这段旅程中，每个人都背着一个空行囊向前行走。一路上，人们会捡拾到很多东西：地位、权力、财富、友谊、爱情、责任、事业……不断捡拾，于是行囊便渐渐被装满。然后，背负太多，太沉重以至前进的阻力越来越大，迈步的表情越来越痛苦，快乐也就渐渐地消失了。

人的一生，以“无”作为开始，又以“无”作为结束，拥有只不过是人生的体验。然而人们一旦打开拥有的阀门，便一发不可收拾，若不加控制就会演变成可怕的贪欲：只要自己没有的，就是好的，就一定要拥有。当欲望之火被点燃，烦恼也就附带产生，贪求过多时，痛苦也开始来缠身了。

从前，有一个富翁和一对磨豆腐的穷夫妻相邻而居。曾有谚语说：人生三大苦，打铁撑船磨豆腐。但这对穷夫妻却乐在其中，整日欢歌笑语，一阵阵快乐的笑声不时传到富翁家里。

整日忧愁的富翁听到这样的声音更加气急败坏，心想：“我有这么多钱，难道还不如这对磨豆腐的穷夫妻快乐吗？”左思右想，富翁有了一个主意。他拿出一锭金元宝隔墙扔了过去，只听“哐啷”一声掉在穷夫妻的院子里。不一会儿，歌声笑声没了，取而代之的是这对穷夫妻的窃窃私语。

原来，夫妇俩正在合计呢！他们捡到了“天下掉下来的”金元宝后，对着这“飞来之财”便想，磨豆腐这种又苦又累的活儿以后是不能再做了。穷夫妻想用这锭金元宝做生意，这样一个就可以变成两个，两个就可以变成四个……

夫妇二人拿着这锭金元宝开始畅想未来，丈夫想，等有了很多个金元宝后就可以再娶个小媳妇，然后休了这黄脸婆，这样所有的金元宝就全是自己的了。妻子则想早知道可以坐等发财，当初就不该嫁给这个磨豆腐的……

一寻思二琢磨，之前的欢歌笑语再也听不见了，烦恼已经开始占据他们的内心。令小两口烦恼的是，下一个金元宝不知什么时候才会“掉”下来。

欲望是快乐的坟墓，著名残疾励志演讲家尼克·胡哲——一个天生没有四肢的人却活出了生命的精彩，他整个人都洋溢着快乐。然而，很多四肢健全的人却整天处在抱怨与痛苦之中。他们的不快乐是因为想拥有太多，就像这对磨豆腐的夫妻，一锭金元宝勾起了他们的欲望，却带走了快乐。

所以请不要让欲望偷走快乐，你可以拿出镜子仔细看看自己，发现身上值得骄傲的地方，再给自己一个微笑，即使没有骄人的事业，也可能会有扎实的能力；即使现在的能力不足，但你还有关爱你的家人和朋友。千万不要充满欲望地忙碌，那只会让你失去更多。把握现在，活在当下，不久你就会发现拥有快乐就等于拥有成功。

无欲无求＋顺其自然＝幸福

幸福是可以渗透到内心的快乐，让人感到满足并想将此感觉延续。当幸福的感觉到了，人对外界便没有了欲望，只想就这样一直幸福下去，所以幸福成了人生永恒的追求。

幸福在哪里？幸福就在你我身边，只要我们对世间无欲无求，并能将无欲无求贯穿整个人生，也就是顺其自然，幸福便会立刻出现。顺其自然是一种状态，是人与世界达到平衡与和谐的一种处世方式。

我们不幸福，是因为内心的欲望在作祟。欲望太多，心也就太累，也就撑不起幸福了。很多时候我们打着追求幸福的旗号，向世界索取，以为拥有了所有便可换取幸福，结果不仅换不来幸福，反而连追求幸福的力气都没有了。

有一个外国商人，为寻找稀缺林木品种，来到一片大森林中。他看到一个年轻人在追逐一只野猪，不一会儿，年青人随身背着的蛇皮袋就被装满了。外国商人对年轻人有如此高超的捕猎技术表示非常赞叹。

然后他问道："你每天要花多少时间就可以抓到这么多猎物?"年轻人说："一会儿工夫就抓到了。我不用费多大力气。"

商人说："为什么你不再多抓一会儿，这样你就可以抓到更多的猎物了。"年轻人不以为然，笑笑说："这些猎物拿到市场上去卖，所得的钱已经够我一家人一天的生活了，我为什么要抓那么多呢?"

商人又问："你只是花一小会儿的时间抓这些猎物，剩下的时间你怎么打发呢?"年轻人说："我每天的事情很多啊，早晨起来我通常是捕猎，回去后到市场上逛一圈，回来睡个午觉。然后下午找几个朋友聊聊天，再弹会儿吉他。这日子很充实。"

商人听了摇了摇头，对年轻人虚度光阴的生活表示惋惜，并说："让我来改变你这样的乏味生活，我可是著名大学的博士，给你出一个主意你就可以挣大钱。你应该多花一些时间去捕猎，然后攒钱购买一些狩猎的工具。到时候你就可以抓更多的猎物，之后可以组建一支捕猎队伍。你可以开一家野生肉食店和一家皮毛加工厂，这样就可以赚取更多的钱。我相信听从我的建议，很快你就会离开这里，到城市里去做有钱人。"

年轻人满脸疑惑，问道："我要想搬到城里去需要花多少年的时间才能实现呢?"

商人说："大概十五年到二十年。"

"然后呢?"

商人说："然后? 然后你就会更加有钱，你可以挣到好几个亿!"

"再然后呢?"

商人说："那你就可以退休了，你可以再回到这里盖座小房子，享受清新的空气，每天早晨打打猎，锻炼一下身体，到市场上逛一圈，再睡个午觉。黄昏的时候到村子里找几个朋友聊聊天，再弹会儿吉他。"

年轻人听完，不禁笑道："你看我现在的生活不就是这个样子吗？那为什么我还要花那么多的时间去折腾自己呢？"商人顿时哑口无言。

终点又回到了起点，看似有些可笑滑稽。世间有太多的人想要拥有像商人说的人生，用物质来填满自己内心空缺的幸福，殊不知到头来只是虚梦一场。再多的名利都是身外之物，内心的幸福才能最终陪伴我们的灵魂。

幸福是一种无欲无求、健康平和、顺其自然的心态。若你感觉此刻的你是幸福的，又何必奢求那些劳累人心的妄想，要知道欲望只会让幸福湮灭。

无欲无求并不是沉溺现状，安于享乐，而是面对世间悲欢离合，以平常心对待的人生态度。顺其自然不是消极、毫无办法之后的面对，而是与世界达到统一的处事作风。

老子是中国古代最伟大的哲学家和思想家之一，被唐代帝王尊称为始祖。他一生致力于研究宇宙生命之规律，是道家学派创始人。他最著名的"无为而治"，认为"无"是最大的"有"，这和佛教的核心思想"空"不谋而合。

老子也正是看清了宇宙的奥秘，生命的真谛，学会用辩证法与世界相容，他不辅佐任何一个帝王，云游四海，乐在逍遥。淡薄名利，无欲无求，顺其自然，但他的思想却在静中飞腾。慕其名者接踵而至，求问修道之方，学术之旨，处世之要，于是其弟子遍天下，其中就包括孔子。

幸福是思想的精华，太多的欲望只会成为幸福的枷锁。现代社会，物质的膨胀左右了人们的判断力，它将人们从幸福的生活中剥离出来，投入到忙碌、贪婪、虚荣的世界，成为一个超豪华的奴隶。这样的生活，又哪有快乐和幸福可言？

所以，对生活无欲无求并和世界达到顺其自然，幸福便会到来。仔细反思自己奋斗的最终目的，努力生活不就是为了拥有幸福吗？大胆正视心中的欲念，让生活回归平静，笑看自己的拥有，顺应天地的感应，学会感受幸福，珍惜幸福，创造幸福。

第二章
痛苦，不肯忘却的负累

你并没有失去一切

当我们学会拥有时，就开始害怕失去。一位哲人曾说："一个人的快乐，不是因为他拥有得多，而是因为他计较得少。"计较，是因为害怕失去，当我们对未来怀有期望时，这种期望值越高，就会对未来的失去越在乎。

人生不是一帆风顺的，它充满着困阻和挑战，有时失去有时得到。对于未来，我们总是怀有美好的梦想，期盼得到更多。对于过去，我们总是抱着无尽的痛苦，悔恨失去得太多。哪怕我们只失去一点点，但痛苦占满了内心，便看不到自己所拥有的一切美好。

2008 年汶川地震，很多幸存者不仅失去了家、亲人、财物，甚至还失去了健全的身体，但他们仍然坚强地活了下来。他们在这次灾难中明白了生命的宝贵，于是收起痛苦的回忆，开始重建家庭。他们的行动彰显了一个道理：你并没有失去一切。

一年秋天，郭沫若去游览普陀山，偶然间，在梵音洞里捡到一本笔记，打开一看，字迹清秀，写有一联："年年失望年年望，处处难寻处处寻。"横批："春在哪里。"继续翻开一页，郭沫若吓了一跳，是一首绝命诗，署的日期就是当天。

郭沫若赶紧让随行的朋友一起帮忙寻找失主，在一处悬崖旁找到了这位写绝命诗的人，原来是一位神色忧郁、脸色暗沉的姑娘。

表明来意，郭老和这位姑娘交谈起来，原来她三次落榜，爱人也离她而去，她觉得失去一切，已无活下去的勇气，与其痛苦不如魂归普陀。

郭老听罢之后，没有立即劝她，而是拿着笔记，指着那副对联，很认真地对她说："你这首诗上联写得非常好，但下联和横批太消沉了，不如我替你改一改，你看如何？”姑娘低头不看他，郭老自己吟道，“年年失望年年望，事事难成事事成。”横批：“春在心中。”

这一改，姑娘顿时一惊，眼睛浸满泪水望着郭老，好一个“春在心中”。原来自己并没有失去一切，希望一直在自己心中。

暂时的痛苦并不能代表失去一切。失去了事业我们还有家庭，失去了亲人我们还有朋友。若一直沉浸在失去的痛苦中，那这份痛苦便会化作一份不肯忘却的负累，让我们反反复复地为它买单，同时将快乐和希望拒之门外。我们何苦要与自己过不去呢！

有时，不是失去阻碍了我们去寻找快乐，而是我们自己被自己束缚住了。因为当我们面对失去时，意志开始消沉，人生也开始变得灰暗颓废。其实你身上的潜力还在，只要怀着积极的心态去努力、去拼搏，就能将失去的重新弥补回来。

人生的路很长，只要路还没有走到尽头，就还没有失去一切，一切皆有可能。俗话说失败是成功之母，失去也同样如此，每一次失去都可看作是下一次得到的开始，失去也同样是一种资本。

2008 年 8 月，本应该受到世界瞩目、唯一一个在北京奥运会开幕式上拥有独舞机会的刘岩，却不慎在奥运会彩排时，从三米的高台上摔下，导致粉碎性骨折。从此，刘岩只能以轮椅代步，更无法继续她的舞蹈梦，这让她备受煎熬。

她一度以为自己的一生将就此枯萎，一想到自己再也没有机会回到舞台，她的内心就会袭来一股巨大的悲伤。

一次，家人带着刘岩外出散心，汽车在蜿蜒的盘山公路上穿行。刘岩毫无心情欣赏沿途的风景，目光呆滞地望着窗外，她忽然发现，每当车子行驶到快没有路的地方，就会出现一块“前方转弯”的交通指示牌，而转弯之后，前方的路就会恢复开阔。

一次次遇到“前方转弯”，猛然间，刘岩恍然大悟：原来，不是路到了尽头，而是该转弯了。从此，刘岩便把轮椅作为新的“舞鞋”，再一次回到了她深爱的舞台。

一袭红艳的拖地纱裙衬托着她修长舒展的身材，唯一不同的是她再也不能像以前一样随性的旋转、跳跃，任身体自由地飞翔了，她被牢牢地“拴”在轮椅上，但轮椅拴不住她爱舞蹈的心。乘着这个“新舞鞋”，她再次翩翩起舞。

在人生的旅途中，我们总想获得一份永恒的快乐与幸福，总希望自己所有的付出能换来回报。然而世事无常，我们总会或多或少地失去一些东西。

生活中的失去就像老天会下雨，没什么大不了。只要我们用一颗平常心去对待，一切都会好起来的。忘掉一切不幸的遭遇，把使我们消沉、痛苦的事情统统从记忆中抹去，只有把这些放下了，忘记了，我们才能更好地开始另一段人生。

面对失去时，记得对自己说：“你并没有失去一切！”因为失去带来的痛苦、伤心、颓废没有一点用处，只有坚强地面对它、正视它，并从中吸取教训，你就会转个弯继续上路，拍落身上的尘土，满怀激情地面对下一次挑战！

忘掉不好的，留下美好的

过去的一切，都是不能再改变的事实。学会对记忆进行“过滤”，忘记不好的，留下美好的，这样才能坚定人生的信心。过去的已随风飘过，抓不住，不管你愿不愿意，生活永远是向前的。所以忘记不好的，留下美好的，给自己一个快乐的理由。

西方有句谚语：不要为打翻的牛奶而哭泣。打翻在地的牛奶，绝不会因为你的哭泣而再次回到杯子里。所以我们要学会忘记，从不好的记忆中抽离出来，看到空的杯子，应该为可以再次拥有一杯热的牛奶而感到高兴。

我们常常回忆童年,因为童年带给我们的记忆是更多的美好和快乐,无忧无虑,天真无邪,是人生难得的一段好时光。同样是自己,同样是这个世界,为什么长大后,阅历和技能都增长了,快乐反而不见了?

童年时代,当一个孩子生另一个孩子气时,他往往说“我不和你玩了”,然后就走开,但没过一会儿,又会主动回来找那个孩子玩,好像什么事都没有发生过一样。童年之所以快乐不是因为生活总是甜蜜的,而是他们遗忘得快,忘掉了不好的,心里只有快乐和美好。

佛经里有这么一个小故事:

小和尚跟随老和尚一起下山化缘。第一次出门,小和尚什么事都听从师父的。两个人走到一条小河边,遇见一位女子,这女子请求老和尚把自己背过河。老和尚二话不说,背起女子就渡了河,女子道谢后便离去。

师徒二人继续上路,一路上小和尚一直寻思,师父怎么可以背女子过河呢?这不破戒了吗?但看着师父若无其事,一直急于赶路的样子,也不敢询问。差不多走了将近20里路的时候,小和尚终于忍不住了,便鼓起勇气问师父为何答应背女子过河。

只见师父淡淡地说:“我把她背过河就放下了,而你却背了她20里还未放下。”

老和尚的话充满哲理,人生就像一次长途跋涉,沿途中会遇见各种美好的风景,也会历经各种艰苦的磨难,若把过去遇过的、经历过的都一一牢记在心上,就会使得肩上的担子越来越重,心也越来越累,阅历变成了压力。但如果从阅历中进行选择,忘掉不好的,留下美好的,阅历就会变为动力。

被誉为20世纪最伟大的心灵导师卡耐基先生曾造访希西监狱,当他看到狱中的囚犯竟然和世人一样过着快乐的日子时,感到颇为惊讶。监狱长罗兹看到了他的疑惑,告诉卡耐基:“这里的犯人入狱后都会认真服刑,尽可能快乐地生活。”

“你瞧！”监狱长随手指向一位囚犯，那囚犯一边为蔬菜除草，一边快乐地哼着歌！

卡耐基用尽全力去听歌词，大意是这样的：事实已经注定，但生活还会沿着一定的路线前进，痛苦和悲伤并不能阻止它。所以让我们忘掉过去不好的记忆，只留下美好和快乐，那样我们还会继续前进，尽情享受未来的生活！

忘掉不好的，留下美好的，是对自己的包容和救赎，是对生活的一种豁达。原谅自己，原谅别人，心里只有对生活的感恩。让昨天成为美好的代表，是你活得快乐和成功的一种优雅心态。

痛苦是因为索取太多，一旦得不到便会在记忆里留下一道伤疤。一遍一遍强化索取的必然性，就会招致我们不能接受失去。得到与失去本来就是一对共生体，我们在为得到感到快乐的同时也不要为失去感到失落，因为失去不是偶然，而是一种很自然的现象。学会正确看待得到与失去，才能忘记不好的，留下美好的。

阿拉伯著名作家阿里，一次和好朋友耶鲁、阿布三人一起去旅行。路过一处山谷的时候，由于山路湿滑，耶鲁差点跌下山谷，幸好阿布就在他身边，及时将他托住，才避免这次危险的发生。

耶鲁赶紧找了一块大石头，用刀刻下：“某年某月某日，阿布救了耶鲁一命。”

三人继续前行，发现一处水源，因耶鲁拿错水壶，阿布怪罪起来，甚至伸手打了耶鲁一耳光。

耶鲁赶紧跑到旁边沙滩上写下：“某年某月某日，阿布打了耶鲁一耳光。”

阿里不解，在和耶鲁独处时，道出了自己的疑惑，为什么前后两件事，写字的地方不一样。耶鲁回答：“我永远都感激阿布救我，我在石头上刻下是要永远记住。至于他打我的事，我只会随着沙滩上字迹的消失，而忘得一干二净”。

我们只有正确对待过去，才能忘掉不好的，留下美好的。忘掉别人对我们的伤害，留下别人对我们的帮助，是做人的根本，自己收获快乐的同时别人也会因你的大度而受到同化。

忘掉不好的，留下美好的，没有谁对不起谁。我们要学会遗忘，学会坦诚，懂得将自己放低，要知道给予已是额外的馈赠，失去也同样不感到难过，伤害是对自己的考验，永远怀着一颗感恩的心去面对一切，只有这样自己才不会滞留挫败的阴影，走出失意的深渊，轻松上阵，让自己活得更加潇洒自如。

用微笑来掩埋痛苦

英国著名女作家奥斯汀曾说过：“微笑是生命的常态。”也就是说，如果你把微笑当作生命的主旋律，那么快乐也就会成为你生活永恒的格调，你的生命便会充满幸福，你也会感受到生活的无限美好。

当生活或工作失意的时候，用微笑来掩埋痛苦，你会发现美好和快乐是那么的宝贵。当黑暗来临才更加渴望阳光，当身临苦痛才更向往快乐。从痛苦中挣脱出来并不难，只要嘴角轻轻上扬，你就会立刻拥有人生最珍贵的快乐。

“二战”让很多母亲失去了儿子，伊丽莎白·唐莉女士就是其中一位。在庆祝盟军北非获胜的那一天，伊丽莎白·唐莉收到了一封从战争前线发来的电报——她的独生子牺牲在了战场上。

儿子是她唯一的亲人，也是她的精神支柱，那真的比自己的命还要重要！无论如何她都接受不了这样的事实，精神一度处于崩溃的边缘。她变得痛不欲生，决定辞去工作，离开这个让她伤心的地方，找一个无人的地方了此残生。

就在她收拾好行李准备离开的时候，一封还未拆启的信件滑落出来，信封上的字迹是她再熟悉不过的。她激动地拆开信，看到这样的话："请妈妈放心，我永远不会忘却你对我的教导。不论我在哪里，也不论遇到怎样的灾难，我们都要勇敢地面对眼前的生活，像真正的男子汉那样，用微笑去承担一切不幸与痛苦。我将会永远以你为榜样，心中永远保留着你的微笑。"

这是儿子在临行前写给自己的。她读完信后，已经泪流满面，再次将这封信读了一遍又一遍，捧在怀里，似乎发现儿子就在自己的身边，并用那双炽热的眼睛望着她，关切地问道："亲爱的妈妈，你为何不按照你所教导我的那样去做呢?"

此时的伊丽莎白·唐莉已经打消了背井离乡的念头，并坚定地对自己说："告别痛苦的手只能由自己来挥动，我应该像儿子所说的那样，用微笑来埋葬痛苦，继续快乐地生活下去！我虽然没有起死回生的能力，但是我可以将儿子的乐观精神延续下去！"

后来，伊莉莎白·唐莉就打起精神，开始写作，用自己的全部热情书写出了一部又一部著作。

痛苦就像沼泽，你越悔恨、挣扎，就陷得越深。只有用微笑来掩埋痛苦，平静地对待，你才会一点点走出沼泽。微笑能给人直面痛苦的力量，它像一束光将痛苦驱散。在很多时候，生比死更需要勇气与魄力，而微笑却可以让人信心倍增。

人生的路上，我们每踩下一个足迹，都会伴随着令人心痛和伤感的体验，像破蛹化蝶一样艰难。童年时，一个玩伴的离去；少年时，青春痘的折磨；成年后，事业的不顺，家庭的争吵……这些都是人生要经历的过程。痛苦很多，成长很难，但只要我们每次用微笑来面对，就会从每一次痛苦中吸取能量。在年华老去的时候，一定会感谢微笑让我们的人生变得如此精彩。

中国南部有个古老的山村名叫长寿村，因为村里的人个个都长寿，最长寿的高达150岁，最短的也有90多岁。很多人闻名而来，希望可以找到长寿的秘诀。

一个养生专家也在其中，他希望通过自己专业的研究发现其中的奥秘。到了村子之后，他细心观察每一位村民，这个村子并不富有，吃穿住行也并不特殊，像很多农民一样靠种地为生，但他总感觉这个地方与外界不同。

他仔细观察到，无论是青壮年还是老年人，或是儿童，每个人脸上都带着微笑，还能时不时地听到阵阵爽朗的笑声。他恍然大悟，原来让自己感觉不同的是凝结在村子空气中的一种快乐的氛围。

专家又考察了水质和土壤，也没有发现不同，难道真是"微笑"的力量？带着疑惑专家找到村长，一问究竟。

村长听完他的话，笑了笑，说："我们不懂得什么是养生，但是我们知道心情好活得就舒畅，自有这个村子以来，老辈人就教育小辈要懂得'笑一笑，十年少'的道理。人与人相处的时候，要尽量谦让，和气生财。所以我们这里的人都很快乐。"

"难道这里的村民之间就从来没有过争吵吗？您知道每个人在生活中难免会遇到伤害，你们都是怎么面对的呢？"养生专家继续问道。

村长笑了笑，说："肯定有啊，我们又不是神仙。但是我们在吵过架之后，谁也不会放在心上。生活中是会有不顺和痛苦的时候，但我们从小就被告知只要用微笑将痛苦掩埋，就可以继续快乐，这或许就是我们这里人长寿的秘诀。"

懂得用微笑来掩埋痛苦的人，一定是内心非常强大的人。他们知道生活中的伤痛，全部都是"纸老虎"，你弱它就强，你强它就弱。何必为了过去而折磨自己呢！

微笑过后，是别样的风景。微笑可以转移人的注意力，从过去转移到现在，甚至到未来。微笑仿佛是一双翅膀，飞翔的过程是快乐的，既然拥有了快乐，谁还会在意痛苦呢？

所以尽情微笑吧，用微笑来掩埋痛苦，把微笑当作生活的必需品，就像我们渴望漂亮的华服，丰盛的佳肴一样。既然你改变不了过去，就改变现在，微笑地面对一切，痛苦是过去遗留的业障，过去的就将它掩埋，何必还要再次买单？

永远不说“如果”

如果可以，我希望回到童年那无忧无虑的时光；

如果可以，我一定好好学习所有的东西，打造一个完美的自己；

如果可以，我一定珍惜曾拥有的一切，不致失去后才知道它的美好；

如果可以，我一定会选择一个新的起跑点，开始一段新的人生；

如果可以，我一定……

生活中，我们不时能听到人们这样或那样的抱怨和感叹：如果可以……那该有多好！然而，我们不得不承认这样一个事实：人生是一次不能抗拒的前行，根本没有如果，也没有假如，只有继续。

说“如果”的时候，便将自己置身在过去，看不到眼前。“如果”是不敢直视失去的痛苦，是人性中的贪婪。习惯说“如果”的人只愿活在自己的假想空间，幻想可以改变过去，不想失去，殊不知一切都是徒劳。若你跟不上时光的脚步，总是活在过去，那样你永远都不会拥有现在。

有一位妇人，上街买菜的时候一不小心把雨伞落在了菜摊上，返回去寻找，却早已不见踪影。为此她一路上都十分懊恼，并且不停地责怪自己：“我怎么可以这么大意，如果我多留点心的话，如果我当初不拿雨伞的话，或许雨伞就不会丢了……”

等回到家之后，这位妇人突然发现钱包也不见了。她猛地一拍脑门，一定是由于太专注自己已经丢失的那把雨伞，在仓促与不安中，又把自己的钱包也弄丢了，她继而又后悔地说："如果我那会儿不那么关注雨伞的话，我……"

开弓没有回头箭，人生是不可逆转的。一味地"如果"不仅不会挽回任何损失，反而会让人遭遇更大的不幸。"如果"只会让痛苦反复，让人变得心灰意冷、疲惫不堪，只有活在当下我们才能感受到真实持久的力量。西楚霸王项羽，在国破家亡、四面楚歌的时候，一定也曾想过"如果"，鸿门宴上如果他不对刘邦心软，如果回到从前等等，最后他终究无法从过去中抽离，哀伤遗憾之余，只能自刎于乌江。

项羽的失败，一方面原因是因为刘邦的围攻，但更重要的是他将自己置身于对过去的悔恨中，用"如果"将自己的心挫败。若当时的项羽能够看到现在，有东山再起的魄力，相信凭他的能力杀出重围不是难事，也就能避免悲剧的出现。

读过禅学的人知道，"境"是由"心"而生，并且由"心"而灭的，但我们绝大多数人都是"境"灭而"心"不灭。当境况改变，心中却还在念念不忘，因此有了刻舟求剑、守株待兔的故事。

所以，我们都要很肯定地告诉自己，在我们的生命里，"如果"这个假设是不存在的。人生不能重来，只有坦然面对和接受，从过去中吸取教训和经验，把"如果"去掉，改成"下一次"，下一次我一定要如何如何……相信我能，这才是坚强的，也是聪慧的。

安琪是一家大型广告公司的创意总监，无论是策划还是制作广告，各方面能力都很突出。转眼几年过去了，安琪认为自己创业的梦想该变为现实了。于是她靠着几年工作一分一厘攒下来的积蓄，加上从朋友那筹来的钱，开办了一家广告工作室。谁知办公司不成问题，业务却成了一大难题。

安琪不停地去跑业务，但由于之前从未接触过营销，半年下来没有一单业务，存款也用得差不多了。最后她只得关闭了工作室，又重新找了一份广告类工作，从基层做起。

朋友们看到安琪又回到起点，纷纷替她感到惋惜，总是同情地跟她说："如果当初你不离开原来的公司，现在想必都已做到副总的位置了，又怎会落得如此的地步？如果你不自己创业，所有的积蓄加起来可以买辆车了……"

谁知，安琪却不以为然，她说道："人生没有如果，我不后悔当初的决定，后悔也没有用，况且我也从过去的失败中学到了很多东西，下次创业我就会懂得规避很多东西。"

两年后，安琪再一次辞掉稳定的工作，开办了自己的工作室。在这两年中，安琪不断提高她的技术能力，同时大力学习业务知识。现在的她已对业务非常熟悉，洽谈合作也毫不含糊，经过两年的艰苦奋斗，小小的工作室已经摇身一变成为了"安琪广告公司"，注册资金100万元。

这时候，朋友们又都围在安琪身旁请教创业经验。她淡淡一笑，意味深长地感慨道："生命的走向是要靠自己决定的，当你做出选择的时候，就勇敢地坚持到底，不要为失败找借口，那样只会将自己打倒。因为生命只相信你自己，而不是'如果'。"

为避免陷入"如果"的圈套，你可以如下做。

1.在做出决定之前，对可能出现的消极后果进行预知，当失去或失败时，就可以有心理准备。对于自己早已预料到的事情，人们往往不会痛苦或痛苦很小。

2.行动之前不盲目乐观。很多人在拥有时，不相信世界上存在失去。所以一旦他们遭遇失去，便会比常人更加无法接受，感到痛苦不堪。

记住！永远不说"如果"！从生命的字典里去掉"如果"二字，让失去和痛苦从人生的绊脚石变为垫脚石，告别自怨自艾和自暴自弃，懂得原谅自己，善待自己的过失，你就可以心生力量，精神振作，重新再来！

不要被内疚的情绪所包围

当我们对别人造成伤害或觉得对不起别人的时候，就会内疚。内疚是一种正常的情绪，健康的内疚是心灵的“报警器”，它可以提醒人们端正自己的“良心”，照顾他人的利益和感受。但若被内疚的情绪所包围，整日自责，内疚就变成了心灵的“毒药”，让人变得压抑和痛苦。

心理学家认为，内疚源于两个途径：一种是不能达到外界要求产生的，而这个外界一定是自己非常重视的；另一种是违背了自己认为必须遵守的规则时产生的，这个规则是自己强加给自己的。

陈扬在小时候，一听到妈妈说“如果你再那样做，妈妈就不喜欢你了。”类似的话，就会感到内疚，沉浸在害怕妈妈不喜欢自己的情绪当中。以后行为也变得谨慎，生怕出一点错误，惹妈妈生气。

长大以后，陈扬来到陌生城市独闯天下，发誓要在五年后拥有属于自己的天地。五年后，他只是在一家中型公司做小小的部门经理。他时常感到内疚，甚至怀疑自己的能力，对下一个五年不敢奢望会有太大的改变。

陈扬前后不同的内疚正是源自两个不同的方面，相信每个人都有过类似的感受。其实，在犯了错误或是伤害了他人之后，有内疚情绪是很正常的，因为这说明他明确是非的标准。内疚就像一把双刃剑，看你怎么用。

很多人总是沉浸在内疚中无法自拔，同时也不采取任何弥补的行动。内疚让他们害怕行动，因为行动就有可能会导致失误。内疚更是对过去痛苦的一种变相执着，让人不敢继续尝试，甚至没有面对的勇气。

时间一去不复返，人生也是一张单程车票，它不会因为你的内疚倒退或者停止。当你只顾着内疚时，便看不到前方的路，人生就有可能再次脱轨。逆行循环，罪恶加深，最终内疚让自己变得自卑，找不到力量的源泉。

有一位老人，每天傍晚都会看到自己6岁的孙女在路口等待，接自己回家。老人为孙女的懂事感到欣慰和满足。每次见到孙女，他总是愉快地将孙女抱起，再掏出一包糖果，作为奖励。

渐渐地，孙女将每天等爷爷后收到糖果当成了一种习惯。一天，孙女迎接到爷爷后，充满期望地问："我的糖果呢？"这位老人脸上立刻浮现伤心的表情，不禁问孙女："你每天都来迎接我，"停顿了一下，"仅仅是为了一包糖果吗？"

说完老人从口袋掏出糖果递给了孙女，一老一少，默默地向前走。老人不知，6岁的孙女伤心极了，她觉得她的行为伤害了心爱的爷爷。从那以后，孙女再也没有接过爷爷，她小小的心灵中装满了对爷爷的内疚。时间久了，原本活泼开朗的孙女变得沉默寡言，甚至不敢抬头和别人对视。

被内疚包围时，我们会陷入强烈的孤独感当中。故事当中6岁的孙女，只是无意当中向爷爷要了糖果，看到爷爷失望的表情后，便不再接爷爷。因为一件无意酿造的错事便将自己全盘否定，由此可见内疚的连带作用非常可怕，会不自觉地将自己吞没。

内疚不仅会伤害我们的心灵，影响我们的生活质量，同时它还能冰冻我们原本深厚炽热的感情。因为当你在内疚时，你没有采取任何积极的行动去化解矛盾。对方看不到你真诚的道歉和弥补，还以为你在怪罪他，致使对方不敢再次靠近你。无论是朋友还是亲人，曾经宝贵的感情就这样被内疚击得粉碎。

宏和小美是大学同学，也是一对亲密无间的恋人，一会儿不见就要煲电话粥。双方的心里都洋溢着甜蜜和幸福的味道。

就在毕业之后，二人因工作需要不能在同一个城市，只能靠电话联络感情。几乎每天小美都要给宏打电话，诉说她每天的事，即便无聊，也要一件一件地说给对方听，她希望对方可以感受到她的感情。

宏是一个内向寡言的人，虽然对小美的爱浓烈，但就是不知道怎么表达。一天晚上，小美像往常一样开始给男朋友打电话。但宏由于当时有非常重要的事，只能挂断小美的电话。小美不解，持续地打，持续地打，等宏将事情解决完，发现手机上有一百多个小美的来电。

宏拿着手机呆坐在椅子上，他想跟小美解释，但他知道小美的脾气，肯定是要吵架的，那天想了很晚，不敢打给小美。宏陷入深深的内疚当中。

由于不在一起，不能当面解释，宏害怕自己在电话中跟小美讲不清楚，害怕小美生气，害怕小美因为这事跟自己分手。之后小美还会打来，但宏这时候已被巨大的恐惧包围，想接但不敢接。很多次之后，小美不再打来，宏也不敢主动打给小美，他想等见面时当面解释给小美听。

终于宏被自己的内疚折磨得日夜难眠，买了机票去看小美，当他站在小美面前时，却得到了一句："我已经不爱你了，我们分手吧！"

内疚能阻挡我们将真实的一面展现出来，带来误会和不必要的伤害。像上面的宏，因为内疚所以不敢面对问题，更没办法解决问题。一味地逃避最终使事情恶化，到了无法弥补的地步，同时也给对方的心灵造成很深的伤痛。

所以，当内疚将你重重包围，已经到了你无法控制的地步时，就要立刻终止它。拒绝内疚最直接的方式就是立刻行动，一切内疚都是徒劳，只有行动才有可能挽回失去。记住：可以改变的现状就立刻去改变，不能改变的就换一种情绪接受它。用坦然代替内疚，不是对自己的过失视而不见，而是用平静的心态从中吸取经验教训。

放手是后退中的前进

20世纪七八十代的人们都学过这样一首革命歌曲，"向前进，向前进，革命气势不可阻挡。向前进，向前进，朝着胜利的方向……"前进是一种积极主动的生活方式，是我们通往成功人生的最佳途径，所以无论在工作中，还是生活中，我们将前进作为自己为人处世的行为准则，不断强化。

然而，一味地前进，即使自己已超出负荷仍旧要硬着头皮继续坚持，这样的前进只会让自己疲惫不堪。心累了，便没有了前进的力量。这时候最好的选择便是放手，在后退中前进。

适时后退，放手现在所拥有的，就可以找到更好的方式去前进。正如水稻插秧的过程，农人手拿秧苗一步步后退着插秧，退到田边，秧也插完了。因为后退着可以看清面前的田地，避免踩坏秧苗。所以放手也是一种通往成功的方式。

很多人不敢放手，生怕张开五指，前功尽弃。每个人只有两只手，你抓住了苹果就抓不住香蕉，但苹果一定是你最喜欢的吗？只有学会放手，才有精力去挑选最适合自己的。

不敢放手，不敢后退，是对自己的不自信也是对过去的盲目留恋，即使过去让自己痛苦疲惫，仍旧要坚持。这样只能让自己失去前进的动力，不但不会拥有更多，反而会用更大的失去来作为代价。

关于放手，有这样一则故事：

一位年轻妇人正在厨房里做饭，4 岁的儿子在客厅玩耍。忽然妇人听见儿子发出极度惊恐的声音："妈妈，妈妈，快来呀！"

年轻妇人闻声赶紧跑到客厅一看究竟，原来儿子的手卡在了一个花瓶中无法脱出，因此痛得连声直叫。

她试着把儿子的手从花瓶中拉出来，但试了几次都无济于事。看到儿子满脸都是泪水，妇人心疼极了。虽然她非常喜爱这个花瓶，虽然花瓶价值 3 万元之多，但跟儿子比起来，就显得一文不值，于是妇人找来锤子小心翼翼地把花瓶敲碎了。

儿子的手终于出来了。这时，妇人发现儿子的手紧紧攥成一个拳头，怎么也不松开。她想，难道是孩子的手在花瓶里卡得太久而变形了？

等她将儿子的拳头小心地掰开时，才发现原来小手里紧紧攥着的是一枚5分钱的硬币，忙问其原因。原来，淘气的儿子不小心将几枚硬币扔进了花瓶，便想把它们取出来。可由于紧紧攥住硬币的拳头大过了瓶口，手怎么也出不来。

年轻妇人不由地问儿子："你怎么不放下硬币，把手松开呢？这样你的手就可以出来了，妈妈也不用打破这个漂亮的花瓶。"

谁知儿子却一本正经地说："妈妈，花瓶那么深，我怕一松手，硬币就跑掉了。"

为一枚5分钱的硬币，砸烂了一个价值3万元的花瓶，这个故事听起来未免有些可笑。但唏嘘一笑之后，我们可曾意识到，这个发生在4岁孩子身上的故事，其实也普遍存在于你我之间。

很多人手中紧抓的"硬币"，比如利益、成就、权力、面子、学识等自己已拥有的一切，在他们看来都是十分重要的东西，只能抓紧，不能放手。孰不知人生若没有放手，哪来的抓紧呢？如同断奶：母乳喂养是维系两代人情感和生命的纽带，但每个人都必经的断奶，就是一种放手，同时也标志着长大。

如今的吴小莉已经很少在荧屏上露面，作为一位曾名满天下的主持人，当被问及从台前到幕后的转变会不会产生失落感时，吴小莉这样回答："我退到幕后既是事业的需要，也是我个人的主动选择。从事管理工作当然少了很多观众的关注与追捧，可是我会找到另一种满足。虽然工作岗位有了变化，但当新闻大事发生时我其实仍然在场。我个人和我们的频道共同存在着，所以不会有失落感，而是换了另一种成就感。我主动选择这样的岗位是因为这样生活更规律些，可以调配出更多的时间来照顾我的家庭。"

放手并不是逃避与屈服，而是一种合理的前进方式。就如同划船时，船桨是往后划动才可以使得船舶向前行驶。退后，有时是为了更好的前进。那么，放手，就是在后退中前进。

放手过去，才能抓紧现在。若不肯放手，反而抓紧过去，只会给自己增添痛苦。已不是那时那景，为何舍弃此时此景而将自己置身那时那景中？当发现自己已和那时那景匹配不来，现在也已经成了过去。

要让放手成为后退中的前进，你一定要把握好时间，做到“该放手时就放手”。当你发现前进已成为一种负累，无法享受过程中的喜悦，过去的方式方法已不再适合自己的时候，就应该大胆地放手，并在放手后，重新找准自己的定位，抓取最适合自己的机会一跃而起。同时做好暂时忍耐的准备，一旦忍受不了这个过程中带来的孤独和误解，放手反而招致祸害。所以在合适的时候，请大胆地放手吧！

错过了朝阳，就别再错过星空

传说，一个游牧部落正要迁徙寻找新的家园，一路上，他们遇到了无数困难险阻，但他们始终坚信前方一定会有最适合他们生活的地方。正当他们准备攀越一座大山时，天使从天而降，对他们说：“你们的坚毅和虔诚让我感动，从现在开始，你们每个人都可以捡起地上的石头，这些石头会给你们带来好运。”

翻山越岭本来就已经非常劳累，捡一堆石头增加自己的重量就是件傻事，牧民们认为刚才的天使一定是妖魔幻化出来骗他们的，于是他们只捡起了一两块小石子放进口袋。

第二天早晨，牧民们大吃一惊，原来口袋里的石头都变成了名贵的宝石，他们一齐欢呼并俯首感谢天使。起身后，他们又开始后悔：为什么昨天不多装些石头呢？

这时，一位年老的牧民说：“我们还要继续消沉下去吗？一年一度的卡扎尔集市就要开始了，若我们不赶紧到达集市，恐怕还会错过挑选优质马匹的机会，到时候我们只能继续后悔了。”牧民们听了，幡然悔悟，连忙上马，向集市奔去。

人生最失意的事莫过于错过,因为错过会带来更多的遗憾,人们开始美化错过的事物,从而赋予它们诸多想象。正所谓,错过的风景是最美的,错过的人是最好的,错过的选择是最让人留恋的。

若错过之后还依然停留在自己的幻想里,就会错过更多的东西,然后一而再再而三,赶不上时间的脚步,我们也会因不能拥有真实的快乐而痛苦不堪。所以老牧人才提醒说:“不要再错过下一次机会。”

泰戈尔说:“当你为错过朝阳流泪,那你也要错过星空了。”错过能引起连锁反应,错过一件事,正在懊恼,又错过了第二件事,人生就成了不停懊恼的过程。与其为逝去的事物伤心,不如擦擦眼睛,看看眼前的美景。朝阳固然蓬勃,星空也很壮阔,但朝阳已经错过,若要欣赏到美景,只能将其搁浅,用快乐和激情迎接星空。

一个三十八岁的男人去参加小学同学会,他发现很多曾经被他欺负过的小学同学如今都有了显赫的身份,丰厚的事业。而他仍旧只是一个不知名公司的小职员,这让他非常惭愧。

回到家后,男人开始反省过往,自己为何在三十几年当中没有任何作为,他发现很多次机会被浪费掉都是因为自己优柔寡断的性格。大学毕业时,自己明明有保送研究生的机会,却顾忌同学的情面没有去争取;在工作中,每到下决定的时候,自己总是缩手缩脚,害怕出现闪失;就连恋爱,也因为在两个追求者中间游移不定,最终两个人都离开了自己。

“我已经这么大年纪了,一无所有,我还有什么可怕的?”男人一边喝酒一边对自己说。第二天,他辞退了工作,用所有的积蓄开了一家饭店。男人把所有精力都用在饭店的经营上,他高价聘请最好的厨师,硬着头皮请同学朋友帮忙招揽顾客,不断钻研其他饭店的菜谱……一年后,他的饭店走上了正轨。几年后,他的店面扩大了几倍,还开了一家分店。每当别人问及成功的方法时,他总是对别人说:“我已经错过了朝阳,就不能再错过星空。当一个人不想再错过时，他就会比任何人都努力。”

优柔寡断，不敢抉择，生怕迈出一步让自己失去所有，而这也是导致痛苦的根源。人生就是一个不断选择不断放弃不断成长的过程，为了活在现在，拥有那最真实的快乐，我们必须作出选择。失去是为了更好地得到，错过是为了迎接下一次精彩。

过往的人生，错过在所难免。因为世界的精彩太多，小小的人类无法涵盖所有。世界瞬息万变，等不及你的准备或努力，今天的朝阳就要在此时升起，你赶不上就必然会错过。

但错过又能怎样呢？你反而有更充足的精力去迎接星空。人性的贪婪让我们想拥有整个世界，但往往世界即使在你怀中，你也没有撑起的力气。不要总想着失去的美好，那样只会让自己更加痛苦。放宽自己的心，看不到朝阳，没有关系，还有星空。

“错过”给我们更深层的启示是：如何不再错过？你要懂得活在现在才是最真实的人生，才能避免错过现在的美好，错过不可怕，可怕的是一直错过。更要懂得放开自己的心，失去的不一定就是自己要寻找的，美好永远在现在。

顾虑越多，前进的步伐就越艰难

在生活中，一个人如果顾虑太多，总是犹豫不决，面临众多选择时，总是产生难以割舍的矛盾心理，就会使自己背上沉重的心理包袱。顾虑越多就越不肯放弃，想将整个世界都拥入怀中，但现实又不允许，于是前进的步伐就越艰难。

一个人顾虑多往往是因为过去的失败一直停留在自己心中，成为阴影，害怕现在的选择也会像过去一样失败。其实一段人生，有成功就有失败，总想着过去的失败只会让自己瞻前顾后，害怕承担责任。

佩兰是一家知名企业策划部门的职员，不仅人长得漂亮，身材也是非常标准，并且她还嫁了一个年轻有为、事业有成的老公。依她各方面的条件看，生活应该过得很快乐才是，但事实并非如此。

佩兰无论在公司还是家里，总是满脸愁容，因为她不能很好地处理眼前的事物。她性格内向，并且做事情前总是顾虑太多，做任何决定前总会犹豫不决。有时候，虽然自己下了决定，但心中总是不自觉地会放不下，时常会担心自己的决定是否正确。尽管她的同事都说她在各方面已经考虑得很周全了，但是她仍旧害怕自己会出错，害怕出错后被别人嘲笑。为此，她经常使自己陷入焦虑与苦恼之中。当一个人内心焦虑、苦恼，在做判断的时候，就容易出错。

因为犹豫不决，曾导致很多次已经非常完善的方案错失了实施的最佳时机，给公司带来损失。犯了错误后，她不但不采取补救的措施，反而将自己置于悔恨的痛苦之中。一年下来，佩兰忍受不了这种痛苦，主动辞了职。

一个人考虑得越多，心里的折磨就越大，前进的步伐就越艰难。佩兰心理上的包袱产生的原因在于她害怕做出的选择让自己失去已拥有的一切，比如别人对她的评价和看法，所以才患得患失。但事情不会等你考虑清楚而推迟发生，更多的顾虑，只会带来更大更多的失败。

顾虑还能影响人本身水平的发挥，很多人高考失利、情场失意都跟顾虑有关。本来依照正常水平可以把事情做得很圆满，但顾虑的出现，让我们开始怀疑自己，在自己做出行动之前先把自己击败，行动也就没有了任何成功的可能。当顾虑填满我们情绪的那一刹那，结局往往就是失败。

在一个古老的王国中，有一个百发百中的弓箭手。因为他从未失手过，所以人们都争相传颂他高超的射技，对他也十分敬佩。后来，国王也听说了弓箭手的美名，于是命人将他请到宫中亲自表演给自己看，并对他说："今天请你来是想请你展示一下你精湛的射技，如果你射中了远处的那个目标，就赐给你万两黄金，如果射不中，就发配你到边疆充军去。”

这位弓箭手听了国王的话，脸色立刻变得苍白，神情也变得紧张起来。他哆哆嗦嗦地取出一支箭搭上弓弦，他已经看不到靶心，心里只有发配充军的场景！当开始发箭的那一刻，一向镇定的他呼吸变得急促起来，拉弓的手也因为抖动而没有力度。最终箭落在离靶心几尺远的地方。

旁边的一位大臣叹道：“看来一个真正的神箭手不光要有高超的技艺，更重要的是一颗能够排除顾虑时刻保持冷静的心！”

射箭手之所以没能发挥他真正的射箭水平，就是因为他内心有太多的顾虑。国王已点出射箭成功或失败的两种结果，小小的箭本来很轻，却要加上两座大山，这样沉重的箭，箭手怎么可能射得准呢？

人生当中的每一次得与失都与我们的前进息息相关，但你若太过在乎它们，成为心中的负累，得也将变成失。前进不一定全部都是由一次次成功堆叠起来的，也会有失败，这样才能构成完满的人生。

接受生命中的不完美，不要给自己戴上一顶太华丽的帽子，允许自己犯错。抛开心中的顾虑，让前进变得轻松愉快。过去的痛苦已成为历史，只能像一面镜子给我们提供参考和建议，但镜子散发的光芒终究不是真正的阳光，它不会给我们任何温暖，只有勇敢地走出去，才有可能享受到温暖。

你要知道，作出的选择最终导致的无论是失败还是成功，都是自己人生的一部分，都会带给自己或多或少的价值与成长。你要相信，未来一切都不确定，做出选择还有成功的机会，一直顾虑下去，肯定是失败。你要看到，现在和未来才是真实的人生，才能带来快乐和幸福，顾虑只会为过去买单，带来痛苦。所以请抛开顾虑，用勇敢和理智的步伐继续前进。

要拿得起，更要放得下

生活中，我们总是赞叹拿得起是对生活的勇敢和责任，是昂首阔步挺进人生的骄傲。拿得起也确实是人生不断向前的动力，但生活中不如意事常有八九，为了能够在前进的路上拥有快乐和轻松，更要懂得放下。很多时候，拿得起容易，要想放下却很难做到。因为贪婪是人的本性，拥有的越多，就越舍不得放下。

国外有一种捕捉猴子的方法：将一个细的瓶颈，大口的瓶子容器中放些玉米，这些瓶子的颈刚好能让猴子的爪子可以伸进去，但是当猴子一旦手中拿上玉米就出不来了。

很多猴子都惨遭于此。其实，如果这些猴子能够放下手中的玉米，是完全可以逃走的，但是，它们因为抓到了，怎么也不肯松手，最终只有被捕了。

在这里，我们可能会笑猴子的贪婪：只要把手里的东西放下，不就可以全身而退了吗？为什么还死死地抓住不放，让人捉到它呢？其实，在生活中，我们人类何尝又不是如此呢？

放下是一句禅语，《禅意与化》中有这样一句："放下你的外六尘、内六根、中六识，一直舍去，舍至无可舍去，是汝放生命处。"然而又有多少人能真正达到如此境界呢？

有这样一则哲理故事：

一个年轻人整日满脸忧愁，痛苦不堪。于是他决定要去寻找自己心灵的阳光，有高人指点他可以前去拜会无际大师。历经千难万阻，年轻人终于抵达大师的庙宇。

一见到大师，年轻人就立刻询问："大师，我历经了千辛万苦，并且疲惫不堪，终于见到您了，请您点化我如何才能找到心灵的阳光？”大师未直接回答他的问题，而是打量着他，问道：“请你告诉我，这段行程带给你最大的感受是什么呢？”年轻人满脸愁容地说：“最大的感受是每次跌倒时的痛苦；是每次伤心时的眼泪……”

大师见状，不语，带他来到一条河边，踏上一艘船准备渡河。到了对岸，大师指着船说：“来，背上船继续赶路吧！”

年轻人吃惊地望着大师，说：“船那么重，并且日后也不再需要，为何要背其过河？”

大师哈哈一笑，语重心长地说：“渡河时，船是有用的，但过河之后，船便无用，若我们仍旧与船一起上路，船就会成为我们前行的负担。船是如此，那痛苦和伤心不也如此吗？我们对待苦难要拿得起，但更要放得下，让苦难成为升华灵魂的工具，懂得放下，才能继续前进。”

一直纠结于过去的痛苦，不肯忘却，不肯放下，只会让我们心力交瘁，日后恐怕再也拿不起了。泰戈尔说过这样一句话：“世界上的事最好就是一笑了之，不必用眼泪冲洗。”放下失恋的痛楚；放下屈辱留下的仇恨；放下心中所有难言的负荷；放下费尽精力的争吵；放下对权力的角逐；放下对虚名的争夺……放下该放弃的，就会获得另一番风景！

法国哲学家、思想家蒙田说：“今天的放弃，正是为了明天的得到。”人的精力有限，时间有限，但世界和宇宙相对来说是无限的，任你怎样努力，怎样争取，得到的永远是一点点。若不懂得放下，不仅心累，更会与精彩擦身而过。

吉姆·特纳在自己四十岁的时候，继承了莱斯勒石油公司，坐拥三十多亿美元的资产。当所有人都认为这位新上任的总裁会充分利用这次机会，在自己的有生之年大干一番。吉姆·特纳却给出了相反的回应。

吉姆·特纳首先组建起一个评估团，对公司所有资产做了盘点，以五十年为基数，在资财总和中减去自己和全家所需、社会应承担的费用，然后再减去应付的银行利息、公司硬性支出、生产投资等，所有计算完毕，他发现还剩下八千万美元。

吉姆·特纳接下来做出了一个非常出人意料的决定。他先拿出三千万为家乡建起一所大学，余下五千万则全部捐给了美国社会福利基金会。人们对他的行为表示了不理解，他解释说："这笔钱对我已没有实质意义，继续拥有只会成为我的负担，放下它才能拿起其他对我有帮助的东西。"

在公司员工的印象中，吉姆·特纳从来没有愁眉苦脸、哀声叹气的时候。太平洋海啸，给公司造成一亿多美元损失，然而他在董事会上依然可以谈笑风生，并且还劝那些满脸忧伤的人，说："一亿美元已经失去，为何不放下它，让我们继续伤心呢？"

当灾难降临到他的头上——他的一个孩子在车祸中不幸身亡。当所有人都在为他担心的时候，他却已经将痛苦深埋，并满怀感悟地说："孩子已经离去，放下痛苦才能继续拥有其他四个孩子带给我的幸福。"

吉姆·特纳活到八十五岁悄然谢世，他在自己的墓碑上只留下这样一行字：最令我欣慰的是我能在最后几十年懂得放下的道理！

拿得起，固然可贵，但放得下，才是人生处世的真谛。只有放得下的人，才能让心灵时刻保持轻松愉悦的状态，才能让人生之路不断拓宽。放下对名利的追逐，放下对痛苦的缅怀，放下对失去的执着，心宽的人才能拥有幸福。

人生在世几十年，拿得起是面对生活的勇敢，是保持自我的坚守；放得下是释放心灵的豁达，是回归原点的坦然。只有放下心灵的包袱，才能将拿得起的东西更好地把握住，抓住最美好最有意义的东西。只有这样，你的人生才能不断拥有快乐，拥有永恒的幸福。

忘记失败，迎接明天

很多人对失败的态度是，允许它光顾一次或几次，但次数一旦超过自己的承受能力便开始对它进行排斥和厌恶。我们早就知道“失败是成功之母”，但现在我们仍旧不敢直面失败。原因就在于我们不是被失败打败的，而是面对失败的态度。

漫漫人生路，我们纯真的童年慢慢注入了焦虑、自卑、孤独、烦躁等负面情绪，这些都源于人生当中不断出现的失败。因没有一个正确的态度，从开始的接受，慢慢到了害怕，最后到了不敢尝试，人生从此也就因为失败而变得灰暗无光。

忘记失败，轻松地迎接明天是最好的对待失败的态度。把失败当成是排除错误的方法，对事不对人。失败属于过去，若不肯忘记，背负失败带来的痛苦，是再次为失败买单。要知道从失败中吸取教训其实也是一种成功，不是一定要达到目的才叫成功，成功是一条线而不是一个点。

英国《泰晤士报》前总编辑哈罗德·埃文斯，在20世纪80年代中期曾对该报进行了一系列的改革，虽然基本上都以失败告终，但他从未在失败中沉沦。对于失败，他曾经说过下面一段话：

“对我来说，一个人是否会在失败中沉沦，主要取决于他是否能够把握自己的失败。每个人或多或少都经历过失败，因而失败是一件十分正常的事情。你想要取得成功，就必须以失败为阶梯。换言之，成功包含着失败。关于失败，我想说的唯一的一句话就是：失败是有价值的。因此，面对失败，正确的做法是：首先要勇于正视失败，找出失败的真正原因，树立战胜失败的信心，然后便忘掉关于过去失败的一切，以坚强的意志鼓励自己一步步走出阴影，走向辉煌。”

每个人的一生中都会遇到这样或那样大大小小的无数次的失败，本田公司创始人本田在他的传记中就曾这样写道："我的人生就是失败的连续。"人在成长与成熟的过程中必然要经历失败，纵然这会带来痛苦与挣扎，但我们依然要学会与它共生。

我们看待失败的心态往往决定了我们这一生能否走向成功和拥有幸福，而这也拉开了人与人之间的落差。看透失败的人都会发现，其实失败和成功一样，都只是暂时的。所以不要让过去无法改变的失败影响到我们明天的生活。

如果能在失败中吸取经验教训，这样的失败反而有利于我们走向成功。被称为"领导力大师"的沃伦·本尼斯在撰写其最负盛名的著作《领导者》时发现，无论是政府、民间还是非盈利领域的领导人，他们都有一个共同的特性：每个人都曾犯过严重的错误。想来，是失败使他们在通往目标的路上完善了自我，然后反败为胜，最终成为独一无二的领导者。

但是很多人面对失败的时候，往往都是"一朝被蛇咬十年怕井绳"，不能将其忘掉。就像走路跌倒了，不是站起来拍拍尘土继续向前，而是站在原地哭泣不敢再迈开脚步。当你越关注失败带来的痛苦时，心理阴影也会越来越重。被这样的情绪笼罩，必然会陷入频繁的连锁式的失败当中。

曾经震惊世界的，也是美国历史上最不光彩的政治丑闻之一"水门事件"，就是美国前总统尼克松不肯忘记失败，在过去阴影的纠缠下做出的蠢事。

在1972年美国总统竞选时，尼克松原本在阅历和声望等方面都远远超出了对手，非常有望连任。但由于曾经历过几次刻骨铭心的失败，心里有了很浓重的阴影，使他极度害怕失败再次出现。

于是在1972年6月17日，以美国共和党尼克松竞选班子的首席安全顾问詹姆斯·麦科德为首的五人闯入了位于华盛顿水门大厦的民主党全国委员会办公室，为取得民主党内部竞选策略的情报，在安装窃听器并偷拍有关文件时,当场被捕。

事发后尼克松又连连阻碍调查,推卸责任,最终导致谎言揭穿,不得不在 1974 年 8 月 8 日宣布辞职,成为美国历史上首位辞职的总统。

忘记失败,迎接明天。忘记失败带给我们的短暂痛苦,从内心寻找答案,我们获得了经验与教训,这已足够,若要给自己一个验证,那就去迎接明天。不要徘徊在过去的回忆中,将证明自己的决心放在未来。

内心有着笃定而唯一的目标,现在自己所处的位置和最终的那个目的地。排除一切烦扰,这其中就包括对过去失败的杂念,并对明天可能出现的失败进行的预测。忘记失败的痛苦,总结失败中的经验,一次次的累积,逐渐汇聚成一条线,你便可以轻松而快乐地到达目的地。

第三章

迷茫，“输”掉了心的导航

在挫折面前，自己给自己打气

拥有梦想和追求的人可以在人生中收获更多的精彩，但同时也会比普通人遭遇更多的挫折。挫折使成功的路变得艰辛和坎坷，当挫折出现时，人们往往会变得迷茫，变得不知所措，从而迷失了心的航向。

只有正确看待挫折，才能避免迷茫的情绪出现，才能继续成功而精彩的人生。要知道挫折是通往成功的必经之路，也正是有了挫折，成功才变得难能可贵。挫折里面蕴藏着成长和发展的种子，若你惧怕挫折，挫折便会将种子埋葬，从而斩断你通往成功的路。若你敢坦然面对，挫折便会激活种子，将成长和发展奉献给你，并让出成功的路。

一位年轻人告别朋友、亲人，踏上了寻找成功的旅途。他跋山涉水，历尽千辛万苦，身上的衣衫被路上的荆棘划破了，脚板也磨出了水泡，但他依然向着成功的方向。当他穿过一片森林，走到河边的时候，一个叫“挫折”的人挡住了他的去路并笑着说：“只要你想寻找成功，就必须从我这里经过，就必须经历挫折。”

“不行，”青年人说，“我要的是成功，我不需要挫折。”于是，他就绕道而行。他又翻了几座山，蹚过了无数条河，却始终没有找到成功，最后竟灰心丧气起来。

有一天，他在行路的过程中遇到一位智者，便问道：“你知道成功在哪里吗？”智者沉思了一会，说：“就在你先前河流边遇到的那位叫‘挫折’的人的前方，当时如果你能够穿越它，现在就已经找到了成功！谁知你却绕道而行，现在你离通向成功的道路越来越远了！”

一句歌词写得好：“不经历风雨怎能见彩虹。”因为有了风雨才更期盼彩虹,因为有了黑夜才更憧憬阳光。挫折是成功的前奏,挫折能让成功的喜悦变得更加深刻和珍贵。所以挫折对人们来说是百利而无一害,关键在于对待挫折的心态。

当遭遇挫折的时候,懂得高昂着头,自己给自己打气,相信自己一定能战胜挫折。只有这样,迷茫才不敢靠近,精力才能全部放在解决挫折上,进而一步步走出困境,重新迎接阳光。

反之,遇见挫折,像上面的年轻人一样拒绝挫折,只会背道而驰,离成功越来越远。或者有人被挫折击败,迷茫充斥内心,在挫折的迷宫里找不到出口。自己不但不给自己打气,反而泄气,怀疑成功的存在,这样的人也同样不可能成功。

有一头驴子不小心掉进了一个深坑里,坑很深,农夫想了很多办法都不能救出驴子。几天过去了,驴子还在坑里哀嚎。

这时候农夫想,反正这头驴子年纪也大了,每天送食物给它,简直就是浪费,还不如放弃它,把坑填平,这样驴子也不用每天喂了,也不会再有别的牲畜掉下去。

农夫召集了很多村民帮他一起填坑,大家一铲一铲地往坑里填土。驴子发现丢下来的不是食物而是泥土,心想主人是要放弃自己了,哀嚎得更加厉害。

但没过一会儿,大家发现驴子的哀嚎声音没有了,以为丢下去的泥土已将驴子掩埋,农夫就探头往下看。他惊讶地发现驴子不但还活着,而且站得越来越高。因为驴子不断抖掉盖在身上的泥土,将泥土踩在脚下。

很快,这头驴子便踩着越堆越高的泥土得意地站在坑口,然后在众人惊讶的表情中快步地跑开了!

当挫折来临,任何的哀嚎只会让周围的人对自己失去信心,别无它用。只有自救,给自己打气,才能在挫折中找出方法,击败挫折。挫折可以像泥土一样将自己掩埋,但学着像驴子一样将它抖落,挫折便会成为我们反败为胜的垫脚石,然后站上去,即使掉进再深的坑里,也能安然脱困。

人生其实没有什么捷径,每一步都是必须要走的。挫折也是成功的一部分,聪明的人会在挫折中吸取经验,快速成长,将每一次挫折看作人生的加油站。过程中经历的挫折越多,积累的经验越丰富,成功也就越快。

因此遇到挫折的时候,千万不要哀怨、痛苦,也不要让自己沉浸在悲伤之中。学着正视挫折,接受挫折,以一种坦然的心态去面对挫折,以微笑迎接挫折,学会自己给自己打气,挫折便会成为成功的入场券。

别总是纠结于生活的不公

生活,有时候并不像我们想象的那样美好,它往往存在着一些不公平。有的人出身显赫,有的人出身贫苦;有的人生活总是一帆风顺,有的人一生都在跌跌撞撞;有的人身强体壮,有的人却一出生就身患残疾。

当我们开始抱怨生活的不公,纠结于其中哀叹不止时,就会觉得自己是世界上最可怜的人,迷茫、痛苦就会一并而来,迷失了心的航向,不知道生活该如何继续。

罗宾遭到女友抛弃后,女友很快就有了新的男友,还恰恰是罗宾的死对头艾伦。这让罗宾非常痛苦和恼怒,自己非常疼爱女友到最后却落得这样的下场,罗宾一直沉浸在对女友的抱怨和诅咒当中。

两年后,罗宾开始变得多疑和消沉,对生活也没了曾经的激情。朋友建议他去看心理咨询师,希望心理咨询师能让罗宾的心情变得快乐一点。

罗宾对心理咨询师说:“我和女友曾互相许诺过誓言,今生只爱对方一个人,谁若背叛对方就会死于非命。但我发现她两年来活得好好的,并且非常快乐,难道上帝没长眼睛吗?看到有人不守诺言反而活得非常好,难道就不需要惩罚吗?”语气中带着一种难以控制的愤怒。

心理咨询师听完笑了笑，告诉罗宾：如果誓言真的都会实现，那人早就绝种了。恋爱中的人，都是通过毒誓来表达对对方的爱，但当爱消失的时候，誓言还有什么意义呢？上帝不是看不到，而是早就看清爱情变化无常，把誓言当作戏言来看待了。

“那我该怎么办呢?”罗宾问。

咨询师没有直接回答他的问题，而是给他讲了一个故事：

“有一个人，养了一条非常名贵的鱼。但是一天，鱼缸被打破了。这时候他有两个选择，一个是站在水缸前诅咒、怨恨，但是这样鱼会因为缺水而死；另一个是不考虑打破的鱼缸，赶快找到容器来救名贵的鱼。如果是你，你会选择哪一个?”

“当然是第二个，先救鱼。”罗宾不假思索地说。

“这就对了，你应该找到新的容器救你的鱼，给它水分，救活它，然后把已经打破的水缸丢弃。爱情也是一样，怨恨和诅咒只会让你失去更多，别无它用，只有用微笑来融化它们，才能找到新的爱情和快乐。”心理咨询师语重心长地对他说。

罗宾恍然大悟，面露微笑，欢喜而去。

生活确实有它不公平的一面，绝对的公平是不存在的，因为世界并不是根据公平的原则来创造的。譬如豹吃狼，狼吃獾、獾吃鼠、鼠吃……还有饱受地震、海啸等自然灾害重创的人类。只要看看大自然就可以明白，适者生存，优胜劣汰，没有公平可言。

如果遇到不公平的事，一味地怨天尤人丝毫不会改变现状，只会徒增痛苦。像上面的罗宾，抱怨与诅咒使自己痛苦长达两年之久，两年中，他失去的不仅是女友，还有自己的快乐。所以别总纠结于生活的不公，这样不会有任何结果。

漫漫人生路，我们总是在反复地付出与收获。因为某些原因，付出不等于收获，是合情合理的，这次少一点，下次可能就多一点。计较得失，只会让自己变得吝啬和哀怨,变得以后不敢付出、不愿付出。

生活的不公平有时候像一面镜子,总是能让自己看清自己的不足,从而激发奋进与拼搏。古往今来,多少名人将相,都有着贫寒的出身,甚至身患残疾,但他们没有纠结生活的不公,反而在不公中磨炼斗志,最终成就一番伟业。

卧薪尝胆的勾践,在国破家亡之后,甘愿化身为奴以保留性命,日后兴复越国。亡国奴的日子不好过,但勾践没有让自己一直停留在悔恨和自责当中,也没有抱怨世间的不公,命运的捉弄,而是励精图治,深刻反思,最终一举反吴,洗刷国耻。

懂得在不公中忍耐,将生活中的不公平,看作是一种激励,将不公平转化为公平,这才是人生的价值与意义。

如果你没有良好的家境,你可以经过刻苦而坚韧的努力,最后给家人带来富有。如果你这次没评上职称,忍耐下来,继续充实自己,最后你也许就能成为公司独当一面的人物。

学会用微笑融化生活中的不公,“当你抱怨你没有鞋子的时候,很多人却没有脚”,世界之大,自己不是最幸运的人,但也绝对不是最不幸的那一个。让自己学会包容与感恩,让心的导航一直清晰,追求快乐,拒绝迷茫,上帝也会开始眷顾你。

苦水只会越吐越苦

向周围的好友吐苦水,倾诉生活中的忧愁,是一种很好的排解心中苦闷的方式。生活中,几乎每个人都会这么做,但一定要适可而止,否则苦水就会越吐越苦,陷入一个恶性循环的境地,让自己对未来迷茫。同时,你的坏情绪还会影响别人的情绪,也就是心理学上所说的“情绪传染”或“传染性焦虑”。

在生活中，人们总觉得自己比别人过得苦，只看到别人快乐、潇洒的一面，总会拿别人如意的地方与自己不如意的地方相比，以至于每日郁郁寡欢，失去心的航向。其实上帝对每个人都是公平的，你之所以痛苦，就是不知道有人比你还要痛苦。

传说上帝为了消除人间疾苦，就派天使从全世界各个角落挑选出自认为最痛苦的一千个人，并将他们聚集在一起，然后上帝问他们："你们感到十分痛苦吗?"

大家听到上帝这样询问，都争先恐后地说自己非常痛苦，并希望上帝可以帮助自己，消除自己的痛苦。

上帝听罢，想出了一个主意，对大家说："好！我知道你们都很痛苦，但我没办法将你们每个人的痛苦都记下来，只好请你们把自己痛苦的事情都写在纸条上，好让我一一记得！"

大家感谢上帝之后，便开始写起来，当大家都写好之后，上帝又说："现在你们拿自己手中的纸条尽可能地与别人交换。"

一千个人在交换过别人的痛苦后，都大声地惊叫，纷纷要求换回自己原来的痛苦，因为他们发现其他人的痛苦都比自己的痛苦要大要多。

佛学认为人生就是一场苦行，在苦行中能够修炼身心，获得解脱。生命从一开始就伴随着痛苦：降临之初母亲的痛苦；人生当中疾病的痛苦；生存的痛苦；分离的痛苦；即将离世的痛苦等，若要吐苦水，就会越吐越多，越吐越苦。

我们向人诉说心中苦闷，反复倾诉自己的不幸，一旦超出了限度，就会让人觉得你是个生活的“怨妇”，最终的结果是看客悲剧心理的满足，你的故事成为别人茶余饭后的谈资，以及别人对你的厌烦，这样的结果最终让你感到越来越苦，直至无法承受。

晓梅的丈夫在一场意外的车祸中丧生。自此之后,晓梅的性格就变得怪异,特别容易愤怒,并整天在朋友面前哭诉生活的不公。孀居三年以来,她的脸上从未见过一丝笑容,她的内心也被黑暗遮蔽。

有一天,晓梅路过了那一幢她以前非常喜欢的房子,房子没有变化,依然破旧,但在它的周围竖起了一道新的栅栏,并且院子里面打扫得干干净净,种植着各种花草,显得是那么的幽静。由于好奇,晓梅靠近栅栏向里面望去。注意到里面有一个系着围裙,身材瘦小、弓腰驼背的女人在拔着杂草,修剪鲜花。晓梅长久地凝视着栅栏里的一切,看到那弱小的女人正要试图开动一台割草机。

“喂,你好,你家的院子真是太美丽了!”晓梅忍不住和女人打招呼。那个女人蹒跚着站起身,看到晓梅并微笑着说:“如果您有时间就请到门廊上坐一会儿吧!”

女人打开拉门,迎接晓梅走进院子,说:“这些年来我都是一个人生活,当我种植了美丽的花草,就会有许多人来我这里聊天,他们喜欢看到漂亮的东西。有些人会向我招手,也有几个像你一样走进来坐在门廊上与我聊天,为此我感到非常快乐。”

“但是前面这条路扩宽后,让你的院子缩小了很多,难道你内心不介意这样的变化?”晓梅问道。

“变化是生活中的一部分内容,也是铸造个性的因素。当不幸的事情发生在你身上,你总要面临两个选择:要么痛苦愤怒,要么振奋进步。前者就像苦水,会越吐越苦。因为你不停地重复自身的痛苦,重复一次,就会让自己再痛一次,久而久之,伤痛就成为你生活中的一部分了;后者则是叫人用微笑与努力将痛苦掩埋,继续寻找快乐的源泉。要知道,太阳每天都是新的,它从来不会因为你而改变什么,既然如此,不如选择后一种……”

听到此话,晓梅的内心深处突然变得轻松和明亮起来,遮盖在心灵上的黑暗外壳突然被击碎了……

当“苦水”一遍一遍地被重复，便成为一种习惯，每向人吐一次苦水，无形中便伤害自己一次。变得迷茫，不知所措，能做的只有再次吐苦水。生活还要继续，暂时的抱怨可以缓解生活的压力，但长期滞留其中，便失去了心灵的航向。

所以我们千万不要养成这种恶习，当遭遇不幸或遇到纠结的事情时，一定要及时地敞开心扉，让阳光驱散心灵深处的阴云，那么黑暗便会与你绝缘。拥有制止自己的力量，当发现自己已陷入习惯抱怨、习惯吐苦水时，一定要及时提醒自己，用理智、乐观代替抱怨与迷茫。

不要在浮躁中越陷越深

我们在处事的过程中，总是苛求自己能尽自己最快的速度完成任务，不能忍受过程中繁杂琐碎的细节，只期盼着成功，心里充满了浮躁。但我们发现，浮躁不仅不会加快事情进展的速度，反而会让自己陷入一团混乱。

浮躁更多地出现在年轻人当中，是激情的附带品。激情使得年轻人充满无限活力，所以令很多年华老去的人向往和怀念，但把控不好，激情就会被浮躁吞噬，变得迷茫而慌乱，渐渐失去心的方向。不懂得以静制动的道理，不能忍受寂寞，不懂得忍耐，最后只能饱尝浮躁带来的恶果。

小河边，一位年轻人和一位老人相邻而坐，一起垂钓。两人的距离很近，但是，令人奇怪的是，老人家不停地有鱼上钩，而年轻人一整天都没有什么收获。最终，年轻人忍不住，向老人问道：“我们两个人用的鱼饵相同，地方一样，为何你钓到那么多鱼，而我却一无所获？”

老人笑了笑，很从容地说：“我很享受钓鱼时的恬静，心平气和，于是也就忘记了有鱼，所以手不动，眼也不眨，因此鱼不知道我的存在；而你恐怕心里只想着让鱼赶紧吃你的鱼饵，见鱼刚上钩就浮躁，心情烦乱不安，鱼不让你吓跑才怪。”

其实,生活中的很多事情就如鱼竿上的鱼。浮躁的心情不仅不会让事情进展顺利,反而会让事情越来越糟,并带来一些负面情绪,最终扰乱你的行动,影响自己实现目标。

“马上动手去做”成了我们处理事情的常用方式,既不认真准备,又无周密计划。遇到烦锁的事情恨不得来个“快刀斩乱麻”,一下子想把问题全部解决,但问题一旦解决不了,就会产生挫败感,让人心神不宁。

深陷浮躁中的人,往往给人一种不沉稳的感觉,不能容忍事情进展过程中出现的变化,容易或喜或悲,不给自己等待的时间,更甚至听不进别人的意见与建议,对提意见或建议的人大发雷霆……自己的神经像上紧的发条一样,绷得紧紧的。内心的不平静让自己迷惘,失去前进的航向!

晓莉在某大型公司任人事专员,在公司工作的4年中,她感觉不到一点快乐,因为同事们都认为她不够宽容,激动易怒,做事手段太强硬,领导们则认为她不够稳重,有些偏激,处理事情不够理智。而这些都源于她浮躁的性格。

在公司内部,当上级部门向她下达工作任务时,她总是一副不在意的样子,并且,她一旦做起来就认为工作太烦琐,开始抱怨领导的不公,同事的不负责任。问题处理到一半就找领导沟通,认为这项工作根本不可能完成,简直就是在难为自己。

当同事跟她一起开展工作时,她总是嫌弃别人动作太慢,效率低下,甚至责骂同事头脑太简单,为此谁都不愿与她一起工作。

对此,她也有自己的理由:“我其实也不想把大家搞得那么紧张,但是我就是不能把心静下来。在公司里,我自己从不甘心自己落后,总是想更快更好地完成任务,但结果往往会变得更糟……对此,我也十分苦恼,我感觉工作的压力太大了,头痛、失眠、焦虑经常伴随着我,而且整个人经常会莫名其妙地处于焦躁不安之中,动不动就想发脾气……”

急躁源于苛求太多，想将成功的时间缩短，等不得“一步一个脚印”的人生。脚印踩得不实，人生留下的痕迹也就不深，那人生的价值何在呢？浮躁只会让步伐慌乱，可能还会后退，前进的时间不但没有缩短反而加长了。

浮躁最易恶化的情绪就是迷茫，因躁生乱，看不清前方的路，很多过来人这样形容：急躁不可怕，可怕的是浮躁之后的迷茫。迷茫就像伸手不见五指的夜晚，没有一点指引。所以我们一定要学会让自己安静下来，不要在急躁中越陷越深，否则等迷茫出现，痛苦将更加深刻。

你要学着舒缓自己的情绪，并在心中静静地默念：慢一点，不必急。同时努力让自己心平气和，放松神经，将棘手的事情化作一幅场景出现在自己的脑海里，设想每一步，给自己时间去做好每一个细节。

对未来的变化提前预知，这样才可以避免因适应不了突如其来的改变而产生的浮躁。给自己的人生预留自由度，善于在坚持自己原则的情况下灵活变通，你会发现自己能够将一切事务掌控在手中。

同时，要相信，耐心是可以培养的，不要对自己要求过高，也不要过分地苛求他人，理性而积极地认识自己，这样才能让自己做出正确的选择与判断。学着用微笑放慢人生的速度，你将会看到更多的美好。

肯定自己，你也是一颗钻石

每个人身上都蕴藏着极大的价值，但是真正认识到这一点的人却不多。你认为自己的价值有多大，往往在人生当中就能发挥出多大的价值来。在生活中，我们从来不会发现一个自认为毫无价值的人能够获得成功。

每个人都是无价之宝，只要我们肯定自己，相信自己像钻石一样充满价值，这样就能规避一切迷茫和彷徨，终将绽放钻石般耀眼的光芒。

肯定自己，从内心激发力量。心有多大，梦想的舞台就有多大。前进的路上，当我们失去所有时，请记得你还有自己的力量源，就连上帝都不能将其剥夺。

世界上最伟大的推销员乔·吉拉德一直认为,这个世界上没有人会比自身更为伟大,自己就是自己最大的财富,为了时刻提醒自己,他通常都会在衣服上佩戴一个金色的“I”字。

乔·吉拉德一直认为:我的声音与气息都是与众不同的,我的外貌与才华更是独一无二。他的这种自我肯定的坚定信念都来源于他的生活经历。

在乔·吉拉德35岁以前,是一个彻头彻尾的穷光蛋,没有稳定收入,甚至连自己的妻子与孩子的吃喝问题都很难解决。但是,偶然的一次演讲会却改变了他的命运。

在演讲会上,乔·吉拉德坐在最前排,他想看看这样的课程到底有什么魔力。演讲者讲到一半的时候,拿出一张崭新的10美元钞票,向他问道:“你想得到这张10美元吗?”一穷二白的他听到此话,马上举手说:“想要!”

演讲者又说:“这张10美元可以给你。但是在给你之前我要做一个动作。”说着,演讲者把那张钞票揉皱了,接着递给他并问:“你还想要吗?”

乔·吉拉德又一次高高地举起了手臂,并坚定地说道:“要!”

“好吧,”演讲者继续道,“我要是这样弄它呢?”随即演讲者将那张钞票丢到地上,用脚使劲地在上面踩,然后将又脏又皱的钞票拿起来递到他面前。

“现在你还要吗?”演讲者又问他。乔·吉拉德又坚定地举起了自己的手臂,仍然说:“要!”

“告诉我,为什么钞票变成这个样子你仍然想要呢?”演讲者问道。

乔·吉拉德很自然地说:“因为不管它变成什么样子,它仍旧价值10美元。”

演讲者抬起头面对所有的听众大声地说:“10美元不管怎样变化仍然保留它原来的价值,那我们自己呢?当我们遇到困难和挫折时,我们是不是总能看清自己的价值呢?”

乔·吉拉德当即就明白了，也充分认识到了“自己”这个最大的宝库。从此他就不停地向成功靠近，最终成为“世界上最伟大的推销员”。

在生活中，由于一时的决断失误或是环境的影响，我们会被绊倒、被击垮甚至被摔得粉碎。这时候，我们可能会灰心丧志，可能会觉得自己一文不值，但是实际上，无论在自己身上发生了什么事情，我们都从来没有失去过自身的价值。

美国联合保险公司董事长克里蒙·史东说：“要祛除内心的迷惘，就一定要肯定自己。”肯定自己是人生最宝贵的财富，也是最易获得的财富。肯定自己好比生命的原动力，一切的勤奋、谦虚、努力都是它的引申。

克里蒙·史东自幼丧父，为了分担母亲持家的辛苦，从小他便外出打零工来补贴家用。

有一次，他准备到一家餐馆去卖报纸，谁知刚踏进一只脚，就被餐馆的老板赶了出来。但是，史东并没有放弃，他的眼里只有餐馆里那些会买报纸的人。于是他趁着餐馆老板不注意的时候，又偷偷地溜了进去。只不过当他刚卖出一份报纸的时候，就被老板发现了。餐馆老板一气之下就在他身上狠狠地踹了一脚。

对此，史东只是轻轻地揉了揉屁股，便站起身对老板说：“请你让我在这里卖报纸吧，我保证不会打扰到客人。”于是拿起手中的报纸，向在场的客人叫卖。客人看他勇气十足，便纷纷劝请老板给他行个方便。于是，史东那天虽然被踢得很痛，但是口袋里却装满了钱。

丰富的人生经历使得史东拥有了一颗极强的进取心，遇到困难从不唉声叹气，也从不叫屈。一旦确定了目标，便不会轻易放弃。从中学开始，他就投入保险行业，刚开始，他遭受到了无数次的拒绝，所遇到的困难也和当年卖报的情况一样。但是，他却经常安慰自己说：“自己是最棒的，反正做了又没什么损失，立马去行动！”

每一次，他都鼓起莫大的勇气，一次次地走进城市的一间又一间的办公室。终于,他卖出了第一份个人保险。接下来,他不断地突破自己的纪录,曾经创下每四分钟交一份保险合同的奇迹。在他22岁那年,他便成立了一家自己的保险经纪公司。

肯定自己,可以让一个人从内心寻找力量源泉,驱走迷茫,赶跑困惑。只有自己相信自己,世界才会肯定自己。不管时境如何变迁,只有不肯轻易否定自己的人才不会败下阵来,才会受到别人的重视,才有资格享有周围的鲜花与掌声。

肯定自己不是盲目骄傲,是用理智的态度评估自己的价值。不过分夸大自己的优点,也不因为自己的不足而迷茫自卑,有着“天生我材必有用”的自信。漫漫人生长路,只有肯定自己才能发现生命的完美,才能更好地驾驭自己,展现自己。

所以,在生活中,肯定自己是每时每刻都要做的事。当养成一种肯定自己的习惯时,你会深刻地体会到“闲看庭前花开花落”的悠闲,“漫随天外云卷云舒”的轻松,才能让生命在自由的空间中无拘无束地游弋。

低下头,就能看见美丽

台湾著名绘本画家几米在其作品中有这样一段话:“掉落深井,我开始大声地疾呼,等待救援……天黑了,我黯然低头,才猛然发现水里面满是闪烁的星光。我终于在最深的绝望中看到了最美丽的惊喜。”

当我们处于绝望或困境之中时,不妨低下头看一看。那时你会发现别样的美丽,跳出自己的迷茫空间,让冷却的心灵重新充满阳光。迷茫是不断前进中产生的负面情绪,有效地避免可以让前进中的人生更加平稳与通畅。低下头,清晰思路与方向,迷茫也就烟消云散。

低下头,是一种姿态的转换。我们习惯高昂着头迎接明天的挑战与压力，却不知道低下头却能让心灵得到暂时的放松与解脱，享受另一种风景带来的解脱。记得昂头、低头都是人生，而低头更能让人惬意，积聚重拾抬头的能量。

一个青年人在建筑工地上工作，夏天暴晒在烈日下，汗流浃背；冬天在大雪纷飞中，忍受严寒。除此之外还要忍受包工头的工资拖欠，总之受尽了苦头。但是，因为没有其他技能，为了生活他不得不忍受下去。

有一天，他又拖着疲惫不堪的身子回到家中，推开门，一股香气扑鼻而来，并听到快乐清脆的笑声，原来是爱人一如既往地在厨房中忙乎着为全家准备晚饭，孩子们在屋中嬉戏。这时候，他身上感到一股暖流，发觉自己简陋的小屋中竟然充满了别样的温馨。他慢慢地走进厨房，用一种充满爱意的感动将妻子抱住，并低头亲吻了妻子的发梢。

就这样一个小小的动作，就将他一天的疲惫赶走，再也感觉不到任何劳累了。一家人其乐融融地围在一起吃晚饭，空气里弥漫着幸福的味道。

生活中处处都充满了美，只是由于劳累和忧愁模糊了我们的眼睛。低下头，让眼睛欣赏到别样的美丽，这些美丽可以减轻你内心的种种沉重。当事业陷入低潮，只要低下头，就可以看到亲情的温暖。当学业出现困境，只要低下头，就可以看到师长的耐心指导、朋友的殷切鼓励。

俗话说："低头的都是满满的稻穗，昂头的却都是无果的稗子。"从昂头到低头是稻穗成长的过程，昂头是生命的征程，低头是对过往的总结与反省。低下头，让自己的心静下来，少了繁华与热闹，让心灵在此刻放松，可以思考过往。

低下头，绝不是懦弱与畏缩，而是一种聪明的处世之道，是人生的一种大智慧、大境界。老子说：当口中坚硬的牙齿脱落时，柔软的舌头还依然在。柔弱胜于坚硬，无为胜过有为。

范蠡是春秋末著名的政治家、军事家、思想家。他学富五车，上晓天文、下识地理，无所不通。虽出身于贫寒之家，但是却胸藏韬略，聪明异常。年轻的时候，就显露出其非凡的才华。

在周景王二十六年时，吴王夫差率军攻打越国。越王勾践大败，最终仅带领5000兵卒逃入会稽山。范蠡与越王勾践在穷途末路之时投奔夫差，忍辱负重，以待将来有一天能乘机攻打吴国。他陪同勾践夫妇在吴国为奴三年后，终于迎来了反败为胜的时机。

范蠡巧设"美人计"，谱写了一曲西施深明大义献身吴王，里应外合兴越灭吴的千古传奇篇章。范蠡跟随勾践二十余年，苦身戮力，辅佐越王最终成就千秋霸业，被尊为上将军。但是，范蠡并没有安享荣华，而是在"吴王亡身余杭山，越王摆宴姑苏台"的举国欢庆之时，选择了急流勇退。从此隐姓埋名，泛舟五湖，悄然退出了政治舞台，过上了逍遥快乐的日子。

范蠡能够在成就一番伟业后，低下头来潇洒隐退，用智慧开启另一番美丽。"水往低处流"，是在褒扬"水"的智慧，人只有在汲饱了智慧之"水"才能不断"往高处走"，这是一种难得的人生境界。昂首阔步固然可贵，但适时低头，才能感悟人生的美丽。

人生犹如一次爬山运动，无论你处于何种位置，低下头，看清山中每一处花草，便能让你忘记爬山的劳累与险阻。即便"会当凌绝顶"，风起云涌的壮阔也有厌烦的时候，这时候可以看看花草岩石，别样的美丽，可以丰富你的旅程。

在人生的道路上，在困境面前，只要懂得低下头，看到别样的美丽，心情也会舒畅，烦扰也会找到出口。再抬起头时，满脸都是微笑，浑身充满力量。

给自己一扇希望的窗

电影《肖申克的救赎》里最有名的一句台词："怯懦囚禁人的灵魂，希望才可感受自由。”主人公安迪在面临人生困境的时候，内心永远憧憬着未来的希望，最终重新赢得自由。不必害怕人生中的迷茫与沉沦，只要你能不断自拔和更新，给自己一扇希望的窗，便会不受制于紧紧包裹着的世界。倾听内心的声音，感受自由，享受轻舞飞扬的人生。

安迪是冤枉的，他没有因为自己被判无期徒刑而失去对自由的向往。给自己一扇希望的窗，不管经历过怎样的困局，希望最终都能实现。安迪一直在默默追随心中那始终如一的目标，他所做的事也在目标的引领下变得简单。懂得坚持的重要，明白希望的含义，一个单纯的希望，让安迪有了“忙着去活”的充足动力。

诚然，生活中有太多的东西是不以人的意志为转移的，很多时候让人感到迷茫，不知所措。太多的希望都是在人们双手合十中跳跃，却从来没能融入真正的生活。然而，那长存于每个人心中的自由和希望，是如此迫切地需要救赎。如同电影中需要一个公正的上帝，通过安迪来安慰和拯救更多的灵魂。

在囚犯们外出劳动时，安迪争取了警卫队长的信任，通过自己的会计专长为大家赢得了两箱冰镇啤酒。囚犯们兴高采烈地喝着久违的啤酒，而安迪只是坐在一旁微笑着注视这一切。

瑞德说：“那一刻，我们坐在春光下喝着啤酒，像自由人在修理自家的屋顶一样，我们是万物之主。”

其实，安迪冒着生命危险想要赢取的，绝非这区区两箱啤酒。他从来不曾放弃的，是他自己和其他囚犯自由的感觉，哪怕这种希望只有一点点。

尽管自己身陷冤狱，尽管自由已经被剥夺殆尽，但是安迪却从未迷茫过，一直对未来充满希望。影片中说：“有一种鸟是永远也关不住的，因为它的每片羽翼上都沾满了自由的光辉。”

安迪第二次做出惊人的举动是在播音室里，他通过高音喇叭向囚犯们播放了歌剧《费加罗的婚礼》,让整个肖申克监狱都为之震撼。也许他们“听不懂意大利女士唱的是什么,也根本没想听懂,因为有些东西无需言语来表达。”但是,音乐却从麦克风中穿透出去,华美的女高音带着空灵的自由在高墙内飞翔,那一张张曾经写满罪恶的囚犯们的面孔,还有平日里穷凶极恶的狱警们的面孔,都在这一刻变得虔诚而高贵,听着这涤荡灵魂的天籁之音。

这音乐让“每一个人都相信,那是世界上最美好的事物,美得无法用语言描绘,美得让人心痛。歌声高亢悠扬,超越了囚犯们的梦想,就像一只美丽的小鸟飞进了高墙,使他们忘记了铁栏的束缚。此时此刻,肖申克监狱里的所有人都感受到了自由”。

六年里,安迪每周给州长写一封信,希望得到捐助扩建图书馆。开始人人都说不可能,但他最终建成了全美最大的监狱图书馆,让囚犯们享受着音乐的洗礼,接触到外界的知识。在辅导年轻囚犯考取高中文凭时,安迪将对方揉烂的试卷从废纸篓中拾起,寄出,最终使对方获得了文凭认证。

在最易磨灭希望的监狱里,安迪用这些方式提醒着自己和身边的人们——这世上还有无法用高墙铁栏围起的地方,这是任何人都无法随意触摸的,这就是存于每一个人心底的希望!只要有希望,一切皆有可能。

人们总是在尚未开始之前就事先揣度着事情的难度,从而判定它“不可能实现”。这是一种心理惯性,它让困难提前到来,并茫然不知所措。然而,安迪只用了20年,就把在别人看来需要600年的牢墙挖穿了;忍着熏天的臭气,爬行了在别人看起来不可思议的500码距离。当他站在瓢泼的雨中张开双臂,享受着向往已久的自由时,我们从这个自由者的身上,看到一种深刻的力量——希望!

安迪的行为教会我们一句话——Hope Can Set You Free——希望让人自由。其实,希望是一个极其简单的物象,它让我们笃定地相信没有什么事情是不可能实现的。心灵中多点希望,脸上便会时常绽放微笑。依赖着希望,我们每一个人的小小快乐都能如此骄傲,并绵延不绝。

学会换个角度看问题

世界上的一切事物都有阴暗两面，早在《易经》当中就已经提到阴阳的重要性。阴阳的相辅相成是事物发生、发展、变化的规律和根源。

然而在人生当中，我们更习惯从一面看事情，当困难出现时，我们看到的是痛苦，其实从另一面看，困难也同样会带来成长。当一帆风顺时，我们看到的是成功，但从另一面看，成功只是下一次征程的开始。

有人做过这样一个实验，将一群蜜蜂装进一个敞开口的瓶子里，但将瓶底对准阳光。遗憾的是，这些蜜蜂竟没有一只能够飞出来。

因为它们不懂得换一个角度看问题，只想飞向有阳光的地方，以为阳光就代表外界，却对稍稍黯淡的敞开的瓶口不理不睬，最终全部撞死在了瓶底。

惯性思维只会阻扰人们的判断力，导致错误的发生。换个角度看问题，可以让人看清事物的本质，让人全面认识事物，让人在角度变换中不断收获，不断成长。

学会换个角度看问题，可以让人以一种理性的眼光看世界，做到“不以物喜，不以己悲”。月亮阴晴圆缺，是一种自然现象，而如何看待得失完全取决于人们的心境。

当人生路上遇到挫折或突然的改变，人往往会因为没有心理准备而变得迷茫。改变不了事实但可以改变面对事实的心态，选择从另一个角度看问题，可以让人从迷茫中发现希望的光亮。

曾担任过美国总统的罗斯福，有一次家里失盗，被偷走很多东西。很多朋友闻讯后，纷纷打电话安慰他。

每每罗斯福接到这样的电话,都会说:“亲爱的朋友,谢谢你对我的安慰,我现在很快乐。感谢上帝,因为第一,贼偷去的是我的东西,而没有伤害我的生命;第二,贼只偷去了我的部分东西,而不是全部;第三,最值得庆幸的是,做贼的是他,而不是我。”

选择从积极的一面看问题,可以将徒劳的愤怒和抱怨转化为乐观,否则贼偷走的不光是部分东西,还有你快乐的心情。换个角度看问题,无疑是一种人生智慧,也是一门幽默的生活艺术。

牛顿,面对砸了头的苹果,不是像常人那样抱怨,咒骂苹果砸痛了自己的头,而是换了一个角度设想:“苹果为什么会向下掉呢?”凭借于此,发现万有引力,成为伟大的物理学家。

当你面对缺憾和心中的愁苦时,换个角度,也许就“柳暗花明又一村”。当代青年楷模张海迪身患疾病,高位截瘫,却能够笑对人生的不幸。身体的残疾只会让心灵变得更加坚强,感受健康人所体会不到的忍耐,收获的也就比常人更多。

一位习武的年轻人在学成之后,跪在武学宗师面前,接受来之不易的黑带授予仪式。仪式开始之前,宗师说:“在你接受黑带之前,必须要经过一个考验。”

年轻人想,我经过这么多年的严格训练,再艰难的考验我都不怕。他想可能会是更激烈的拳法较量。“我准备好了。”年轻人说。

宗师没有摆开阵势,而是一脸严肃的问:“那么我请问你,黑带的真正意义是什么?”

“是我习武的结束。”年轻人想都没想,就回答道。

“是我辛苦练功应该得到的奖励。”年轻人继续说。

武学宗师等待着徒弟再说些什么,显然他不满意徒弟的回答。最后他开口:“你还没有到拿黑带的时候,一年以后再来。”

一年过去了,年轻人再度跪在宗师面前,还是同样的问题。

“是本门武学中最杰出和最高荣誉的象征。”年轻人说。

武学宗师还是不满意，说：“你仍然没有到拿黑带的时候，一年以后再来。”

又过了一年，年轻人跪在武学宗师面前，不等宗师开口，就说：“黑带代表开始——代表无休止的磨炼、奋斗和追求更高标准的里程的起点。”

宗师露出满意的微笑，郑重地将黑带授予年轻人。

换一个角度看问题，需要勇气，需要睿智。灾难中看到经验与教训，成功中看到下一个开始。一旦掌握这个生存原则，你便会拥有“横看成岭侧成峰，远近高低各不同”的恬然淡定。

“塞翁失马，焉知非福。”换一个角度看问题，可以给人希望，上天给予人类两只眼睛，就是为了要看到事情的正反两面，让人多一些智慧，少一些鲁莽。生活也会多一些微笑，少一些烦恼。

第四章

哀怨，空念过后的罪

虚无缥缈的幻想并不能给我们带来什么

生活是很实在的过程，是普普通通的生老病死，或者说是柴油米盐酱醋茶。幸福的生活需要我们首先认识到它真实的一面，美好也好，痛苦也罢，都是生活的一部分。虚无缥缈的幻想并不能给我们带来什么，只会让我们在现实与幻想的落差之间不停哀怨。

人总是会有一些幻想，睁开两眼历历在目，闭上双眸天马行空。恰当的幻想可以增添生活的乐趣，因为憧憬所以对生活更加自信。倘若在睁开眼的时候还是不肯从虚无缥缈的幻想中抽离出来，就会适得其反。

人之所以哀怨，是因为幻想太多。幻想如深渊，永远都填不满。幻想也不能没有，没有幻想，生活就像一潭死水。在这个凡尘闹市中，在这个高速度、快节奏的生活中，似乎人人都在为生存而奔波、忙碌。现实很残酷，钩心斗角、尔虞我诈，让很多人只能在幻想中逃离。

小慧性格腼腆，属于文静话少的那种姑娘。同窗好友在上海打拼多年，而小慧一直在家乡的小镇工作，在朋友看来，青春应该是精彩的，应该出去走一走，看看外面的世界，于是带着憧憬与好奇小慧辞掉了家乡稳定的工作，跟朋友一起闯荡上海。

不久，小慧就找到一家小型外贸企业做文职，从家乡走出来的小慧不懂得什么叫时尚，不懂得什么叫风格，成了同事眼中的“乡巴佬”，加上小慧不善言谈，大家都对她视而不见。工作上，小慧只能做到认真负责，但没见过多少世面的她不懂得如何创新，这也让领导有些头疼。在这个信息化的大都市，小慧明显有些适应不了。

朋友察觉到小慧的不开心，告诉她生活要改变就要经历这个过程，并拿来很多书籍给她看。畅游在这些大量的信息中，小慧仿佛置身于另外一个世界，她幻想自己是一个时尚白领，游刃有余地穿梭于人群之中，受到所有人的追捧和爱慕。

渐渐地，小慧发现现实太冰冷，跟自己所幻想的差距太大，她想改变现状，走出去和同事一起聊天，但又害怕冷眼相对。时间久了，小慧变得更加沉默，发呆的时间也越来越长。虚无缥缈的幻想丰富了她的精神生活，但也同时也将她推向了现实世界的深渊，无法拯救。

不到半年，小慧主动提出了辞职，回到家乡，曾经的快乐也已经不再，只能继续空念，这让小慧越来越痛苦。

停留在虚无缥缈的幻想中只会让我们离现实越来越远，但我们身体是实体，需要靠现实来供给营养。幻想太多让我们开始厌恶现实，因为人都渴望完美，害怕失败，也都想不劳而获，但这些在现实中是不可避免的，所以只能在幻想中寻求满足。

欲望太多往往成为人们幻想的源泉，对名利的追逐，对幸福的渴望，还有过去的生活带来的痛苦和伤痕，这些都让人们喜爱幻想，殊不知幻想只是空念，只能带来不断的哀怨。

“淡泊以明志，宁静以致远”，只有正确看待人生中的得与失，不苛求完美，看淡繁华绚烂，让心灵回归平静，才能拥有旷达、乐观的人生。虚无缥缈的幻想不能带来什么，只有用行动去争取，现实才有可能改变。

思考是为了改变现状，是为现实服务的，不要为了思考而思考，那样只能任由幻想的牵引。幻想就像宇宙，没有边际，一味地畅游只会让你深陷其中不能自拔。只有过好眼下，踏踏实实，将心灵放低，与地面相接，才能把握住幸福。

从前有一个年轻人非常勤劳，没过几年就把曾经的一贫如洗变成了丰衣足食。日子过得红红火火，还娶了一个漂亮的姑娘为妻，但这些都遭到了村里一个土地主的嫉妒。

地主总觉得年轻人没有那么大的能力，一定是家里有什么宝贝。每次年轻人扛着锄头走在街上时，嘴里总会唱："我有两棵摇钱树，只要摇一摇，就会带来快乐与幸福……"这些都让地主听到耳里，记在心里。

这一天，趁年轻人和妻子不在家，地主翻墙而进，看到年轻人的家门口果真栽种着两棵小树苗，欣喜若狂，奋力地开始摇动小树，但只是掉了几片叶子，没有财宝。试了几次还是如此，贪婪的地主非常生气，于是拔下树苗，准备带回家。

正在这时，夫妇二人回来了，看到地主扛着两棵小树苗准备翻墙，满脸疑惑，地主也非常狼狈，不等他们开口，就破口大骂："你私藏摇钱树，还好被我发现，现在我要去报官。"

年轻人哈哈大笑，说道："这哪是什么摇钱树，就是两棵普通的树苗，我所唱的摇钱树其实就是我的两只手啊！"

摇钱树是人们对财富的幻想，现实生活中并不存在，只有通过自己的双手去努力、去奋斗才能拥有幸福，否则一切都只是空谈。

这个世界上，只有心是自己可以左右的，若停留在虚无缥缈的幻想当中，就连这点权利也主动放弃了。别把生活想得太复杂，不要要求太高，要容易满足，不过分追求，也就容易快乐。活在当下，活在眼前，在真实中感受快乐，在痛苦中收获成长，要记得幸福就是脚下的路。

你要的幸福不在明天

生命没有彩排，每一天都是现场直播，过去了便不能再拥有。很多人在不停哀怨的同时，总是期盼明天不会重复今天的痛苦，将幸福的权利给予明天。殊不知到了明天又要重新发出这样的期盼，日复一日，年复一年，自己也因长期失望而陷入迷茫。

感受到幸福的人，会发现我们所追求的幸福其实不在明天，就在现在。吴子尤，一位才华横溢的少年作家，与李敖成为忘年之交，然而却在小小年纪横遭厄运，但直到生命的最后时刻，他依然如前，一直笑对人生。

2004 年，因为胸腔纵膈肿瘤压迫神经住院治疗，手术后不幸失去了造血功能。从此，14 岁的子尤开始了与病魔的持久战。他先后经历了一次大手术、两次胸穿、三次骨穿、四次化疗、五次转院、六次病危，但他却以超乎常人的乐观，度过自己的花样年华。在 2005 年 9 月，一本记录他八岁到十五岁成长过程的作品集《谁的青春有我狂》出版。

"青春是属于我的，标记着我激情的一月一年。人说青春是红波浪，那就翻滚着绘出最美的一线。眼前只有柄孤独的桨，握在手中就是把战斗的剑。我在这里写着刚有开头的小说，每过完一天就翻过一页；每翻过一页，又是新的一天。为什么我依然热爱考验？因为别人让天空主宰自己的颜色，我用自己的颜色画天。"

写下上面这首如歌诗句的作者子尤，于 2006 年 10 月 22 日去世。他的一生虽然短暂但每一天都过得幸福，即使当他得知自己遭遇厄运的时候，还调侃自己：从此医院变我家。

不将幸福的权利交与明天，享受现在，享受今时今日，因为这样的幸福才是最真实的，更是对生命的尊重。幸福在明天，只是一种逃避现实的借口，今天的哀怨，正是昨日幸福梦想破灭的恶果。

时隔许久，子尤的母亲柳红女士在一次电视栏目《生命的礼赞》中被邀为嘉宾。其间，朗诵的一篇文章叫《珍惜生命》，有一段话是这样写的：

"我们通常认为，人生如台历，撕去旧页，新页展开；每天如彩排，今天过去，还有明天；一遍不满意，可以再来。其实昨天已成为过去，明天尚且未知；当下稍纵即逝，不复重来。如果把每一天都当作生命的末日来过，我们会更加珍惜更有意义的人生。”

过有意义的人生，是每个人的期盼，而让今天过得幸福正是意义所在。幸福是感悟生命的美好，幸福是珍惜眼前的快乐。幸福不能寄托，它需要真真切切的行动去争取、去把握，把握现在，剔除哀怨。若今天谋得幸福，明天亦会拥有。

佛说：“幸福并不是一种傲人的资本，也并非是虚名能够满足的，因为幸福并不是以权势的高低，功名的显赫作为标准的。真正的幸福就是珍惜你当前所拥有的。”你要的幸福不在明天，不为已失去的昨天懊悔，也不为还未到来的明天哀怨，珍惜当下所拥有的才是最重要的。

美国著名作家斯宾塞·约翰逊有一本书叫作《礼物》，大概内容是这样的：

一位充满智慧的老人告诉一个孩子，世界上有一个很特别的礼物，它可以让人生充满成功和快乐，而这个礼物只有靠自己的力量才能找到。这个孩子就想，如果找到了这个礼物，这一生就不白活了。

于是，他从童年到青年，几乎用尽所有的办法四处找寻，越是拼命地去寻找，越是感到不快乐，而他生命中那个最珍贵的礼物始终都没有出现。到后来，年轻人终于决定放弃，不再这样漫无目的地寻找下去。出人意料的是，放弃之后他才赫然发现，那份礼物原来一直在他的身边，这个他生命中最好的礼物——“此刻”。

在生活中，很多人一生都在寻觅一些有形的礼物，却往往忽略了自己早已经拥有的无形的礼物——“此时此刻”。在这个充满焦虑和烦恼的时代，这份“礼物”更能帮助我们拥有幸福，感悟人生。

时间不会为我们驻足，历史也不会为我们守候。天地万物，自然轮回，我们都要经历生老病死。我们的生命也会随着日出日落而辉煌、消遁，在历史的长河中稍瞬即逝。人类的渺小让我们能够拥有的只有“此刻”，幸福就在今天。只有珍惜当下所拥有的，才能享受到生命永恒的快乐。

前方的景，我们要去看；手头有福，我们要去享。生活中有很多简单中的平淡，如水扬清波，如风过疏林，但每一种都是心头的日子，潜着香，藏着甜，是我们自己真正活过的每一天。

不要去透支明天的烦恼

世事忙碌中，人们往往都会心神不宁地担心明天和未来。可是，如果明天注定会有烦恼，今天所有的担忧都于事无补，庸人自扰。人生的储蓄卡上，明天的烦恼透支不来，若一直哀怨，今天也将深陷烦恼之中。

一座古老的寺庙坐落在一片深山幽林中，周围环绕着数十棵百年老树，层层叠叠的枝叶将寺庙遮盖得严严实实。每逢深秋，寺院的地上便铺满了厚厚的一层落叶。每天清晨，便有一个小和尚拿着扫把将这些落叶清扫干净。

慢慢地天气渐凉，进入秋冬之际，寒风也刮得更加猛烈。小和尚发现每天早晨花费很长时间清扫完落叶的地面，不一会儿的工夫，就又被厚厚的落叶覆盖了。并且为打扫落叶，小和尚每天都要起得很早，这些都让他苦恼不已。一直琢磨着能有一个什么好办法，可以让自己稍微轻松些。

小和尚为此愁眉不展。恰巧有一位师兄走过来，问其原因后，便开始嘲笑小和尚脑子不开窍，很不屑地说："今天晚上，你用力摇一摇树，尽可能地把更多的树叶摇下来，这样明天不就没有落叶掉下来了吗！"

小和尚半信半疑，他想：不如按照师兄的方法试一试，万一成功以后就轻松多了。当天夜里，小和尚故意等到很晚还没有就寝。他悄悄地来到院子里，使劲全身力气把树摇了再摇，然后将落叶全部清扫干净。小和尚很得意地想着明天应该不用再清扫落叶了吧！

当天夜里，小和尚睡了一个美美的觉。第二天早晨，正当他为不用早起而感到满足时，推开门却惊讶地发现：昨天扫得很干净的院子里，仍然一如往昔地落叶满地——他还是要扫落叶！

这时，方丈走过来，看到此时的场景，摸摸小和尚的脑袋，意味深长地说："孩子，无论你今天怎样用力，明天的落叶还是会飘落下来啊！"

人们总是企图把人生的烦恼都提前解决掉，以便将来高枕无忧，以为那样就能彻底摆脱烦恼，过上自由自在的生活。殊不知一切都是徒劳，就像故事中的落叶，每天都要掉落。

唯有保持坚强的心灵，坦然而从容地去面对、解决当下困难，才能过好人生中的每一刻。

如果总为了明天而烦恼，就会在无形中给心理施加压力，感觉活得步履艰难，人生既辛苦又乏味。很多人会像小和尚一样，把大量的时间花费在消沉和抱怨之中，妄想着人生会与现实有所不同。

人们烦恼的事情往往都不是必需的，它们也许只存在于自我的想象中，并不会真的出现。美国作家布莱克·伍德在一篇名为《99% 的烦恼其实不会发生》的文章中，写了他在"二战"期间的一段亲身经历。

我以前也听人们谈起过，世界上绝大部分的烦恼都不会发生。对此我一直不太相信，直到我看到自己这张烦恼单时，我才完全信服。它让我明白了一个深刻的道理：为了根本不会发生的情况而饱受煎熬，是一件多么悲惨的事情！

1943 年夏天，世界上绝大多数的烦恼几乎在同一时间都降临到我的身上，命运显得是那么的有失公正。在此之前，我的生活几乎是一帆风顺，即使遇到一些烦心事，我也能从容不迫地应对。然而，当所有的烦恼聚集在一起向我袭来时，"苦不堪言"几乎成了我生活的全部。无奈之下，我决定把它们都列在纸上。

1. 我所办的商业学校，因为正值"二战"期间，男生都入伍打仗去了，面临着严重的财务危机。很多在兵工厂上班的女孩子挣的工资，也比从我们学校毕业的女生高得多——女生也都不愿意来学校上学了。

2. 和天下所有的父母一样，我和妻子无时不刻地在为去前线的大儿子担心。

3. 渴望上大学深造的女儿提前一年高中毕业，可是我这当父亲的却是囊中羞涩。

4. 我的住房附近要修建机场，土地和房产基本上属于无偿征收——赔偿费只有市价的十分之一。

5. 住在离城区较远的我们受战时限制，不能购买新轮胎，因而总是为自己的那辆老爷车是否会在荒郊野外抛锚而提心吊胆。

还有太多的让我烦恼的事都没有写在纸上。但至少，这种方式让我感到自己轻松了一些。随即就把这纸条放在了一边。将近半年过去了，我早已忘记自己曾经写过什么无聊的话。

又过了很久，我在整理物品时不经意间发现了这张纸条。再次读起来时便感到是那样的滑稽——因为纸条上列出来的，没有一件烦恼变成现实。

1. 政府开始拨款训练退役军人，我的学校不久就招满了学生。

2. 感谢上帝，大儿子平安无恙地从战场上归来。

3. 在女儿大学开学的前六天，有人介绍我去做稽查工作，这让我正好可以在业余的时间兼职，为女儿筹全学费。

4. 房子附近又发现了油田，因此那块地不会再被征用了。

5. 我对车子小心养护，所以它也很给面子，从来没有抛锚。

不预支明天的烦恼，才能使我们的生活更加轻松而惬意。抱着一颗简单的心，不要对未来有太多过于复杂的“设计”。想象出来的烦恼比实际发生的更多、更可怕，甩掉预想出来的包袱，便不会再有那么多繁杂的思绪来充斥内心，由此，宁静才会开始。

有句老话说：车到山前必有路，船到桥头自然直。一个人的未来是烦恼还是快乐，不是凭空想象或坐等来的，而是由今天的心态与付出决定的。每一个明天都是今天的延续和升华，你真正可以把握的只有“今天”。活着的本分就是做好今天，未来必然会因为你的努力而更加美好。

不要相信运气会从天而降

都说他很幸运，从小就有明星的光环，出生在演艺世家，父母都是响当当的明星。但人们并不知道，他15岁跟英皇签约，只是为了替父亲还债，就将自己的青春抵押给了演艺事业。为了学习才艺，他只身奔赴陌生的日本求学，全部家当只有一个背包、一件外套、一双鞋、一把吉他。面对这样的苦难，他平静地说：“我觉得自己长大了，男孩子就应该早点独立，为家人分担。”

都说他很幸运，还没出道就已备受关注，靠着父母的影响力和圈内前辈的提携，一直都机会不断，并成为香港历史上在红馆开演唱会的歌手中最年轻的一个。人们不知道，他首次登台表演，迎接他的是满场的嘘声和成千上万支扔过来的荧光棒。对此他学会了默默承受，每一次登台不管观众反应如何，都认真地唱，真诚地鞠躬。整整三年，他用实力和努力证明了自己不是靠父母的名气。观众的嘘声渐渐变成了安静，再由安静变成了掌声，最后变成了全场雷动的欢呼声。

都说他很幸运，天生拥有帅气的外形，光靠耍帅装酷就已足够吸引注意力。人们不知道，为了拍好电影，无论多难的动作他都亲自拍摄，不用替身。即使在浑身是伤的时候，他仍旧坚持自己上。还不到30岁，他就伤痕累累，医生说他的骨头老化的程度，相当于一个40岁的中年人。

他叫谢霆锋，2011年，凭借其在《线人》中的精彩表演，荣获香港电影金像奖最佳男主角奖。这时，人们不再说他运气好，而是由衷地送上四个字：天道酬勤。

至于说到自己的运气，他承认肯定有，但话锋一转，又说："其实每个人都有自己的运气，但不要相信他会从天而降，它就在云里面，并时刻默默地盯着你，只有你的努力足够让它看得起，它才会落到你身上。"

人们都渴望运气的降临，因为运气可以改变一个人的命运，或者不劳而获。年长的人都会发现当你非常关注运气，总是期盼它的到来，运气反而不会来到身边。只有在你不经意的时候，全身心投入到生活中或者工作上，运气才会悄然而至。

运气往往偏爱努力的人，就像谢霆锋。运气每个人都会有，只是看你有没有能力去得到它的青睐。其实谢霆锋的心路历程还有一段：刚刚出道的时候很叛逆，观众看不惯他那一副玩世不恭的样子，也就不喜欢他。那个时候他接二连三地出现负面消息，本来有父母的光环，应该星路坦荡，但因为没有好好地把握，运气反而成了他的负担。

当我们无法忍受生活的愁苦时，多么希望运气从天而降，带来改变。面对大千世界，人类是渺小的，改变世界的力量是薄弱的，渴望幸运之神从天而降是人们正常的心理需求。但有句话叫"自助者天助"，人类数量太多，幸运之神要有选择地搭救，懂得自救的人更能吸引幸运之神的注意力。

不要相信运气会从天而降，那样只会让我们失望并且哀怨。空念不能带来任何改变，只会束缚我们的心灵，囚禁在遥无边际的虚无当中。想要改变现实，就应清除杂念，立刻行动起来。幸福是脚下的路，需要勇敢地走过之后才能体会到。

现代社会，经济的迅猛发展，让太多的人只有追赶的份儿。追赶是辛苦的，并且在追赶的过程中会打击人们的自信心，让人变得哀怨而又疲惫。将希望寄托于运气，希望运气可以从天而降，带走压力，带走急躁，带来快乐，带来幸福。但这一切都是徒劳的，可能寄托的人也明白这个道理，只是接受不了事实，不愿面对而已。

面对现实，我们要相信自己，努力一点便可改变一点，要给自己也给现实改变的时间。不要对未来心存空想,一切空念皆因欲望而起,欲望越多,对现实也就越不满。不如将自己放低,享受这一刻的美好。

面对生活中的不幸与痛苦,要懂得宽容。宽容自己,宽容世界。对待过去,要学会放手,对待未来,要学会坦然,只有活在现在,真真切切地领悟现在的真谛,快乐是幸,痛苦是福,合在一起才是幸福,才是生活。

想好的事情,就赶紧去做

哀怨是空想过后的负担,将想法停留在计划中,总是想把一切都考虑周全之后再去行动,到头来"竹篮打水一场空"。计划永远没有完美的那一天,只要想好的事情,就应该立刻行动,让行动去检验计划的完整性。

阿里巴巴董事局主席兼CEO马云曾如是说:"三流的点子加上一流的执行水平,要比一流的点子加上三流的执行水平更重要。"执行力是一个人甚至一个团体成功与和谐的重要推动力。

为明天或未来做计划,为的是改变现状,剔除痛苦换来快乐,但一直不敢做,不愿做,未来的痛苦不但没有得到改善,反而今天也变得哀怨。当深陷哀怨的折磨中,就开始抱怨计划的不完美,痛苦便开始蔓延开来。

有这样一则寓言故事:

某个教堂里新养了一只猫,这只猫特别能抓老鼠,老鼠的数量不断减少。后来,老鼠们只好天天躲在洞里,不敢轻易外出。无奈之下,老鼠大王组织老鼠召开了一个会议,紧急商讨怎样对付猫吃老鼠的问题。

老鼠们个个都很聪明,想到了很多独特的方法。

有的老鼠建议研究一种毒药,悄悄放到猫的食物里;有的老鼠想出用黄油烫死猫的方法,还有的老鼠提议,一起出洞咬死猫……大家各抒己见,可是都不是上上策,都不能保证既能消灭猫咪,又能自保性命。

这时，一只号称最聪明的老鼠站起来，提议道："猫的武功太高强，死打硬拼我们不是它的对手，不如用防。我们在猫的脖子上挂个铃铛，这样，以后我们只要听到铃铛的声音，就知道猫来了，就赶快逃跑，我们就不再也用担心被猫抓到了！"

"好办法，好办法，真是个聪明的主意！"老鼠们欢呼雀跃起来，老鼠大王当即批准了这个方案，并宣布："咱们就按系铃的方案对付猫，现在开始落实。有谁愿意接受这个任务？请主动报名吧。"

等了好久，会场里一片寂静。接着，老鼠们说："我们老眼昏花、腿脚不灵，最好找个身强体壮的。"而身强体壮的老鼠说："我们平时要给大家找食物，要是我们被抓去了，你们的处境不是更糟，还是找小老鼠吧，他们机灵，跑得快。"而小老鼠们则纷纷说："我们年轻，没有经验，怎能担当得了如此重任呢。"

结果，老鼠们依然战战兢兢地生活……

在实际生活中，我们经常能看到这样的人：只会坐而论道，沉迷于理论，只会夸夸其谈，畅想梦想，不懂得结合实际。将计划一直停留在自己的设想当中，什么行动都不采取，被别人戏称为：思想的巨人，行动的矮子。最终也会像这群老鼠一样一事无成。

有好的想法但不去做的人其实是害怕行动之后的失败。要知道，只有行动才可以推进人生，感悟生命，空念不会改变一切。幸福就是脚下的路，你得一步一步脚踏实地地去走。

很多人总是不相信自己的想法，反复地问自己："可以去做了吗？"你有好的想法，已经靠近成功的大门，只要有自信，就可以用行动敲开成功的大门。这个世界日新月异，想法若不及时与行动嫁接，不是被取代就是让别人撬走成果。

美国著名的成功学家格林，每次当有人向他提到国内最大的快递公司——联邦快递时，就会开玩笑地说，快递这个创意是他想出来的。格林没有说假话，他的确有过这个主意。

20 世纪 60 年代，年轻的格林刚刚参加工作，他每天都要处理大量的文件，很多时候因为文件不能及时被送出和不能及时被送达，耽误了工作的进程。当时他想，如果有人能够开办一个将重要文件在 24 小时之内送到任何目的地的服务，该有多好！

格林曾多次想把这个想法落实出来，他认为这个想法一旦变成现实，必然会成功。但他总被其他的事情分散精力，于是这个想法也就不了了之了。直到一个名叫弗列德·史密斯的人真的把这种想法转变为实际行动，并取得了成功，格林才后悔莫及。

"这件事情给了我非常深刻的教训，使我明白：一个人有了好的想法但不立即采取行动，就会与成功失之交臂。"格林说，"当然，正是因为我明白了这样的道理，所以才成就了我现在的成功。"

成功者之所以能够有一番作为，不仅在于他们精准的眼光、执着的性格、坚韧的耐力，更重要的是他们有非常强的执行力，能够进行持续而有目的的实际行动，将计划不折不扣地执行下去。因此也说明了 1 个行动要远远大于 100 个想法。

前段时间爆发的金融危机，让一家国有企业难逃破产的厄运，不久被一家民营集团收购。企业里的人都翘首盼望着新领导能够运用新的管理方法带领大家走出困境。然而在开工大会上，新领导却诚恳地说："一切按照原来的管理制度进行，我不会增加什么，也不会减少什么，但我只有一个要求，那就是把先前制定的制度坚定不移地执行下去，将所有的规章制度执行到位。"

结果呢？这家企业制度没变，机器设备没变，员工也没有变，什么都没有变。很多员工都不理解，认为企业的效益肯定得不到好转。但没有办法，还是按照新领导说的那样将以前的制度执行下去。令人意想不到的是，不到一年时间，企业就扭亏为盈。

新领导的绝招是什么？执行，执行到位！执行就有成功的机会！对于此，现在就请你回想一下，在每天的工作中，在人生的道路上，你是否因为不敢、不愿执行某项既定的计划而导致原本很好的计划“破产”，进而工作没有取得什么成效？人生没有成就感可言？

请记住，行动比想法更重要，多一些行动便多一些成功的机会。有好的想法就要赶紧去做，你要相信现在的计划已经可以执行，在行动中更可以发现不足慢慢完善。你可以仔细想一下计划的流程，大胆地去突破，赶紧付诸行动，成功才会和你靠近。

最美妙的在于过程，而不在结果

著名作家史铁生认为：生命的价值与意义在于“过程”，而不在“结果”。史铁生说：“目的皆是虚无，人生只有一个实在的过程，只有重视了切切实实的过程，生命才能更为厚重。”

人总是要从世界上逝去的，对于逝去的人来说，一切的结果便显得很空虚。什么荣誉、富有、博学等，这些被人视为“目的”的东西随着人的死亡都将不复存在，都将转化为虚无。

但是，在现实生活中，我们却被生活的一个个目标逼迫着只会忙着赶路，工作繁重、生活紧张，陷入无止境的目标追求当中。于是，只能整日哀怨，想改变却被目标追得太紧，到头来发现心中的成功并不能给自己带来喜悦和幸福。

有一对父子，每年都会把家里的粮食、蔬菜装在老旧的牛车上运到镇子上去卖。儿子是个性子急躁的人，每次出发都想赶快到达镇子，把东西卖掉。但父亲则总认为凡事不必着急，慢些可以享受到赶路过程中的快乐。

这一天清晨,他们又一次赶着旧牛车到镇上去卖粮食、蔬菜。儿子又是很着急地赶路,而且总是用棍子不停地抽打拉车的牛,要它走快些。

"放松点,儿子,"老人依然这样对儿子说,"这样你会活得更为长久一些。"但是儿子却说:"父亲,如果我们能早一点赶到镇子上,就可以早一点把东西卖掉,然后就可以早一点回来。"

"你回家之后有很着急的事吗?"父亲问道。

"没有啊。"儿子说。

父亲继续问:"那你这是为了什么呢?我们去卖粮食和蔬菜是为了让自己生活得更快乐一些,但生活中不是只有这些快乐,还有很多快乐值得你去发现。"

儿子不以为然。

快到中午了,他们来到一间小屋的前面,父亲说他认识屋里的人,要进去与他们打个招呼。但儿子认为父亲这样做就耽误了行程,便不停地催促父亲赶路。父亲笑笑说:"与朋友聊天会让你感觉到快乐,不信你可以试一下。"儿子气不过,心想:父亲既然执意不走,与其苦等不如和他们一起聊天,看父亲说的是否真的可以找到快乐。

聊了一会儿,儿子发现真的可以发现其中的乐趣,让他忘记了刚才赶路的疲惫,心情也开始舒畅起来。

又一次上路了,他们走到了一个岔道口,儿子认为应该走左边近一些的路,但父亲却说右边的路边有漂亮的风景,边走路边欣赏风景更好。

儿子再一次执拗不过父亲,就走上了右边的路,儿子果真看到了路边绿油油的牧草地、漂亮的野花和清澈的河流,满心喜悦地流连于此。

最终,他们没能在傍晚前赶到集市中,只好在一个漂亮的大花园中过夜。儿子又开始变得焦虑,担心明天早上还赶不到目的地。这时候父亲对他说:"既然今天不可能到达镇子,何不伴随着花香虫鸣席地而睡,看看美丽的星空,难道不也是一种快乐吗?"儿子一想父亲说的也有几分道理,再说只能这样了。

第二天早上，在路上，父亲又不惜浪费时间去帮助路边一位农民将陷入沟中的牛车拉出来，儿子又开始生气，他认为父亲这样做就是在浪费赚钱的时间，但是父亲却对他说：“放松些吧！这样你可以活得精彩一些。帮助别人会让你感觉比赚钱更有意义，不信你就试一下？”没办法，儿子只好跟父亲一起帮农民拉车。

到了下午，他们走到一座山上，俯视着山下城镇里的美景。二人都被这景色迷住了，许久之后，两人都一言不发。儿子的心中增加了很多感动，将手搭在老人的肩膀上说：“父亲，我终于明白您的意思了。”

儿子的感动来自于途中遇到的各种快乐，享受过程带来的快乐往往比结果更让人感到充盈。生命的美妙也是由每时每刻的惊喜组成的，不是只有结果可以让我们获得满足，懂得享受过程可以让我们获得持久永恒的满足与喜悦。这并不是难事，只要你静下心来、放慢脚步便可享受到。

幸福是脚下的路，沿途的风景与踩下的每一步是构成幸福的分子，结果只是其中一个。若你只注重结果，便会因小失大，得不偿失。享受过程并不是拖延时间、散漫或没有目标，重在“享受”二字，让生命的每一分子都能绽放光彩，发挥能量。

生命的意义在路上，而不在结果。这是释迦牟尼在没有成佛之前，经过无数次的磨炼与苦修，才领悟的人生真谛。所以改变就在现在，空念只会带来哀怨。让自己发现过程的美好，享受每一个细节。

有一次，释迦牟尼为了将自己的教义传给远方的信徒，决定要进行一次长途跋涉。在行路的过程中，因为急于到达目的地，便无视路程中遇到的任何艰难困苦，只是努力地赶路。包括他感受到鞋子里有一颗小石子，在磨自己的脚。但为了磨炼自己的意志，为了修行，他始终忍受着磨脚的痛苦。

长途漫漫，释迦牟尼最终还是累得精疲力竭，于是他不得不中途歇息。在他心情放松的同时，他感觉到脚底无比的疼痛，赶紧低头弯腰想把鞋子脱掉。就在这个时候他的眼睛不自觉地瞄向了路边的湖光山色，竟然发现路途的风景是如此的美丽。当下，他领悟了一个重要的道理：自己这一路走来，如此匆忙，心思意念竟然只专注于目的地，完全没有发现四周景色的优美。

释迦牟尼把鞋子脱下，然后将那颗小石子拿在手中，禁不住地感叹说："小石子呀！真是想不到，这一路走来，你不断地刺痛我的脚掌心，原来是要提醒我，慢点儿走，注意生命中一切美好的事物啊！"

生命的乐趣是享受恬淡时刻的一杯清茶，激动时刻的一碗烈酒，感受多样多彩的过程。享受是人与天地间达到的最佳相互融入方式，在不被看重的情况下，反而会收到最满意的效果。

享受过程是治愈一切哀怨、空想所产生痛苦的良药。你可以呼吸新鲜的空气，给自己泡一杯清茶，听优美的曲子，陪父母看电视等，都可以从中感受到生命的美好，让心灵获得极大的放松，只有这样你才能获得多彩的幸福人生。

第五章
烦恼，拖住了心的翅膀

烦恼不是他人给的，而是自我内心生出来的

“菩提本无树，明镜亦非台。本来无一物，何处惹尘埃。”这是禅宗第六代祖师慧能的一首偈语，表达一种透彻空无的人生境界，心本清净，心外一切景象都是妄想、离别、执着三大烦恼所生，本来就是虚化不实的，应立即放下、看破。

在现实生活中，我们思想无法达到如此境界，很多人整日陷在烦恼之中，有一位哲人说：“带着烦恼上床，就是带着包袱睡觉。”睡觉本来是件惬意享受的事，但由于烦恼而失去了睡觉的快乐。

很多时候，我们都是自寻烦恼。烦恼不是他人给的，而是自我内心生成的。跟自己过不去，用烦恼将自己捆绑住，挣脱不开。苦苦寻找解决的方法，到最后却发现“解铃还须系铃人”。

一个年轻有为的男子拥有令人美慕的一切：蒸蒸日上的事业、身体健康的父母、温柔体贴的妻子……但他并没有因此而感到幸福，反而整日心事重重，体会不到快乐的感觉。烦恼让他困苦不堪，实在忍受不了，于是他决定放下手中的一切，四处去寻找解脱烦恼的秘诀。

他走着走着，走到了郊外的一个村落。只见一望无边的稻田中，一位牧童骑在牛背上，吹着横笛。笛声悠扬，逍遥自在。年轻人看他那么快活，不禁走上前去询问：“你看起来一点烦恼都没有，能告诉我你有什么方法吗?”

牧童欢快地说：“我不知道什么方法，只知道当我骑在牛背上，笛子一吹，就什么烦恼也没有了。要不你来试一下?”这个年轻的男子试了试，但心中仍然低沉郁闷。他不得不继续寻找。

后来，男子来到一条河边，看见一位老翁坐在柳荫下，手持一根钓竿正

在垂钓。老人神情怡然，自得其乐。于是，男子走上前去鞠了一个躬："请问老翁，您能赐我解脱烦恼的办法吗？"

老翁看了他一眼，微笑着说："我哪有什么方法，要不你跟我一起钓鱼吧，保管你没有烦恼。"年轻男子又试了试，还是不怎么有效。

无奈中，他只得再走下去，继续寻找。不久，他来到一个寺庙里，看见一位老和尚独自在堂中打坐，脸上浮现出平和而安然的笑容。年轻男子作了揖，请求老和尚指点自己解脱烦恼。

老和尚微笑着摸摸胡须，问道："告诉我你这一路是如何寻求解脱的？"

男子便将路上所见和自己的尝试都一五一十地告诉了老和尚。老和尚听罢，哈哈一笑，说："烦恼不是他人给，而是自己内心生，你用他们快乐的方式当然不能清除自己的烦恼。"老和尚又指了指男子的双手，问道："有人捆你了吗？"

"……没有。"

"既然没有人捆住你，又谈何解脱呢？"

生活本来无意与我们作对，和我们过不去的一直是我们自己。所谓的烦恼，大都是人们寻愁觅恨，从而捆绑住手脚的无形网罩。事实上，生活中99%的烦恼都不会发生。

烦恼是因为我们对外界追求太多，过多的名利让我们处心积虑、担忧不已。当现实不合乎我们内心的标准时，我们开始埋怨周遭，烦恼也就随之而来。总将错误的根源推给外界，一味地抱怨，让内心疲惫不堪，烦恼挤走了快乐。

烦恼本身是不存在的，但有些人生性过于敏感，漫想超出了边界，变得无法控制，把简单的事情想得过于复杂，以致心灵承载不了。不知不觉中，烦杂的琐碎事一圈圈缠住了身心，直至动弹不得。

著名国画艺术大师张大千先生留有长长的胡须。

一次，朋友无意间开了一句玩笑，问他晚上睡觉时胡须怎么放。结果那天晚上，他翻来覆去，彻夜难眠，竟不知道该把胡须放到哪里才好。

就像张先生事后自己回忆时说："平常都不会担心这方面的事，怎么一在意就出问题了。"

烦恼就是这样，当你在意它的时候，它便黏住你，扰乱你的心绪。但张先生几十年的作画生涯让他练就了面对任何烦恼都能淡然处之，并能及时予以反省和修正，以此获得自我的解脱与心灵的宁静，正如神秀禅师所说的"时时勤拂拭，莫使惹尘埃"。

绝大部分人都没有张先生那样的沉稳与坦然，该怎样面对烦恼呢？

无数过来人告诉我们，"认识自己"是最佳的驱除烦恼的方式。"认识自己！"这是古希腊阿波罗神庙石柱上铭刻的一句话，就连伟大的哲学家苏格拉底都把它作为自己毕生所遵循的原则。认识自己可以将眼光从外转向内，悟到烦恼本是自己内心生的，从而为自己的内心松绑，心宽才是幸福。

九九归一，是一种返璞归真的卸载与清零。只有卸去消极虚伪的思想、懦弱偏执的个性、自暴自弃的心态等这些心灵包袱，并用善良的天性和积极的姿态去弥补空虚，才能纯净而轻松地享受生活。

不要在意那些小事情

生活中，总会有一些小事情困扰我们，带来烦恼。当我们沉浸在无边的喜悦中时，一点小瑕疵就能彻底粉碎整个氛围。因为我们太在意，很多原本可以开心的事也流失掉，用烦恼和忧愁来取代。

很多人的烦恼，并不是由多么大的事情引起的，恰恰来自对身边的一些琐事过分计较、在意和较劲。有些人对于别人说的话喜欢琢磨，发现一点不对就会加倍抱怨，对自己的得失更是耿耿于怀，并且总是喜欢夸大其词，为自己的心灵营造可怕的“监狱”，到最后总是因小失大，得不偿失。

安妮是一名职业校对员，曾经校对过北美航空公司的《飞行员手册》、联邦基金会的《行业教育研究报告》和其他数不清的著名刊物。

她把职业习惯带到生活中，看报纸的时候，安妮会不由自主地检查单词拼写和标点符号是否准确。听别人讲话时，安妮也总在考虑他的发音是否正确，停顿是否得当，以致总是忽略别人说的是什么。

有一天，安妮去教堂做礼拜，牧师开始给大家朗读一段赞美诗。赞美诗意境很美，安妮和大家沉浸其中。突然，安妮听到牧师读错了一个单词，她顿时浑身不自在起来。身为一个校对员，安妮不能忍受这样的错误，于是心里不停嘟囔：“他读错了！牧师竟然读错了！”

就在这时，一只小飞蛾从安妮眼前慢慢飞过。安妮耳边突然响起了一个更清晰的声音：“不要盯着小飞虫，耽误了这么虔诚的礼拜。”

安妮顿悟，怎么能因为一个小错误而忽视了整段赞美诗的优美呢？竟差点忽略礼拜的目的。过了一会儿，小飞蛾在安妮面前稍作停留，然后飞走了，礼拜继续进行。

对小事情过于计较和在意，就会导致小烦恼慢慢长成大烦恼，进而模糊我们的双眼，看不清原来的方向。等到事情走向失败，还抱怨是小事情影响了自己的心情，耽误前进的时间。

法国作家莫鲁瓦深刻地指出：“我们常常被一些应当迅速忘掉的微不足道的小事所干扰并且失去理智，我们活在这个世界上只有几十个年头，然而我们却为纠缠无聊琐事而白白浪费了许多宝贵的时光。”

烦由心生，人的本性中存在贪婪、嫉妒和虚荣，在欲望的驱使下，心灵不能处于平衡，每个人都可以找出各种烦恼的小事情。百岁老人陈椿说过一种长寿秘诀：一件事情，如果想通了就是天堂，想不通就是地狱。既然活着，就一定要活好。

所以不要在意那些小事情，生活中懂得忍让，学会“化干戈为玉帛”，不要让那些不值得的小事破坏了自己的情绪，只有这样，我们才能寻得快乐。

作者回忆起自己的童年，好像从来没有快乐过，一直处于不好的情绪中，总是为一些小事感到痛苦，有人稍微惹到他，就会大发脾气。若谁让他情绪不好，更是大声责骂，用力打人，之后便会放声大哭，好像全世界自己最委屈。

所以他从小也就没有朋友，大家都躲他远远的，生怕惹到他。

一次，小弟不小心招惹了他，他的脾气立刻上来了，气得脸红脖子粗，双手叉腰，一边跺脚一边骂。就在要出手打小弟的时候，妈妈出来了，把他拉到一边，不仅没有责怪他，反而给他拿来一面镜子。

他忽然看到镜中的自己，原来生气的样子是那么丑陋，眉头紧锁，面容皱皱的，恐怖而好笑。

妈妈告诉他，为不经意的小事生气，只会让自己变得丑陋，心灵更是如此。但若不在意那些小事，脸上时常挂满微笑，镜中的自己就会重新漂亮起来，心宽才能幸福。

他开始改变自己，慢慢地他发现原来生活中并没有那么多的烦恼和痛苦，那些小事情看淡以后也没多严重，完全是自己的内心使然。从此之后，作者便习惯了用微笑来面对生活中一些不经意的小事，人也变得淡然和快乐。

“总为小事伤神的人，他们的一生是短暂的。”这句话对那些经过岁月风雨的人来说，理解的会更加深刻。为那些小事劳心费力，不仅让自己劳累，而且会连累到周围的人，从而给自己编织一个痛苦的人生境遇。

正所谓“退一步海阔天空”，选择用包容融化干戈，用平和覆盖瑕疵，你便会有更多的精力去享受快乐，有更多的时间去欣赏世界。对待生活中的那些小事，学会看开、看淡、看远、看透、看准。包容了一个苦难，你就增加一个超越自我的契机；包容了一个人的缺点，就多了一份舒适；包容一个人的愤怒，就扩宽了一次胸襟。

重新审视那些困扰你的事

著名成功学大师卡耐基曾说过："再回头看一遍那些曾经困扰过我们的事，就会发现竟然没有一件不是琐碎的小事。"有人说时间是治愈一切伤痛的良药，任何曾经"天大的"烦恼经过时间的消磨也会变得微不足道。

想想过去，曾经困扰我们的事几乎有99%都是像跳蚤一样琐碎的小事，但在当时却多么的令人烦恼。时间一去不复返，"莫等闲白了少年头"。想想现在，生活中的一些困扰根本不必成为烦恼，给心灵徒增负担。为了"不因虚度年华而悔恨，不因碌碌无为而羞耻"，请放宽你的心，你会发现恼由心生，快乐也由心生。

有一位中年农夫，经常眉头紧缩，认为生活中困扰他的事太多，他感觉自己活得枯燥和困苦，于是便上山找到一位禅师，哭诉道："禅师，在我的家庭里，房子太小、孩子太多、妻子性格暴躁……几十年了，我一直没有感到生活中有丝毫的快乐，您说我应该怎么办呢？"

禅师想了想，问他："你们家有牛吗？"

"有。"农夫点了点头。

"你回去后，把牛赶进屋子里来饲养。"

虽然农夫有些丈二和尚摸不着头脑，但他还是很虔诚地听从了禅师的指导。多了一头牛的家里显得更加凌乱，不到一个星期，农夫就忍不住又来找禅师诉说自己的不幸。

禅师没有理会他的哭诉，只是问他："你们家有羊吗？"

农夫说："有。"

"那就把它放到屋子里饲养吧。"

农夫想：禅师这是要干嘛，难道要让我们家一团糟吗？虽然这样想但他还是遵从了禅师的指导。一星期之后，这些仍然没有消除农夫的苦恼，于是他又找到禅师。

禅师问他："你们家有鸡吗？"

"有啊，并且不止一只呢。"

"那就把你所有的鸡都带进屋子里去养。"

从此以后，农夫的屋子里便有了七八个孩子的哭声、太太的呵斥声、一头牛、两只羊、十多只鸡。农夫的心情糟糕透了，不到三天，他就跑去找禅师，请他帮忙。

"把牛、羊、鸡全都赶到外面去吧！"禅师说。

第二天，农夫来看禅师，兴奋地说："多谢禅师，我们家现在变得又安静又干净，而且也变得宽敞明亮。"

禅师笑笑说："不用谢我，我没做什么，只是让你换一个角度重新审视那些困扰你的事。"

农夫恍然大悟，仔细回想了整个经过，发现所有的一切都没变，只是原来在自己看到的烦恼，比起后来的骚扰，就可以忽略不计了，换一个角度看烦恼，就可以感受到生活中处处都充满乐趣。

我们生活中所遇到的烦恼几乎100%都是毫无必要的。科学家曾对人的烦恼进行过量化统计：40%的烦恼是对未来的担忧，30%是对过去的遗憾，22%是对生活中那些微不足道的小事耿耿于怀，4%是对改变不了的事实的执着，最后剩下的4%的烦恼则来自于正在做着的事。

生活中所有的事情都是具有两面性的，那些在我们看来带来烦恼的事情其实只是我们的主观认为。烦恼与快乐本是同根生，你若选择了烦恼，就会成为痛苦的奴隶，但你若选择快乐，就会立刻拥有美好。烦恼会让我们把事实的本质无限扩大，最终自己给自己戴上枷锁，失去心灵的自由。

真正的快乐是一种选择，是一种为营造和保持良好心情而做出的正确选择。所以每当唉声叹气、忧心忡忡的时候，要立刻警醒自己，将烦恼翻转过来，看到快乐的一面。或者你可以将烦恼的事写出来，看有多少事是值得我们牺牲现在的快乐的。

这是一件发生在“二战”时期真实而富有戏剧性的事情，主人公是故事的亲身经历者罗勃·魔尔。

1945年3月，在中南半岛附近276英尺深的海下，罗勃·魔尔经历了他这一生中印象最深的一刻，也让他重新认识了人生。

事情是这样的，当时，罗勃·魔尔和他的战友们正在一艘潜水艇上工作，雷达发现一支日军舰队——一艘驱逐护航舰、一艘油轮和一艘布雷舰——朝他们这边开来。然后他们发射了三枚鱼雷予以反击，但都没有击中。

突然，那艘布雷舰冲着他们直愣愣地开来，并且距离已经非常近(一架日本飞机，把他们的位置用无线电通知了布雷舰)。为避免被它侦察到，罗勃·魔尔所在的潜水艇只好潜到150英尺深的地方，并做好了应付深水炸弹的准备。同时还关闭了整个冷却系统和所有的发电机器。

3分钟后，天崩地裂。六枚深水炸弹在四周炸开，把他们压在海底276英尺的地方。深水炸弹不停地投下，整整15个小时，有十几、二十枚炸弹就在离他们五十英尺左右的地方爆炸——若深水炸弹距离潜水艇不到17英尺的话，潜艇就会炸出一个洞来。

当时，为保持镇定，所有的战士都奉命静躺在自己的床上。罗勃·魔尔更是被吓得无法呼吸，潜水艇因关闭冷却系统，温度将近100多摄氏度，但他却全身发冷，不断地冒冷汗。心里不停地想：这下死定了……

庆幸的是，15个小时后，因为那艘布雷舰用光了所有的炸弹，不得不停止攻击然后开走了。但这15个小时，对于罗勃·魔尔来说就好像有1500万年。他想起了过去的生活，记起了做过的所有坏事和曾经计较过的但现在看来却很无聊的小事：他曾为没有钱买自己的房子，没有钱买车,没有钱给妻子买好衣服而整日忧愁;下班回家,常常和妻子为一点小事而吵架;他甚至还为自己额头上一个小疤——一次车祸留下的伤痕发过愁。

多年之前那些令人发愁的事,在深水炸弹威胁生命时,显得是那么荒谬、渺小。罗勃·魔尔那时候就对自己发誓,如果今生还有机会再看到太阳和星星的话,自己将永远不会再浪费时间忧愁了。

在那15个小时里,罗勃·魔尔从中学到的,比他大学四年学到的还要多得多。那次事件之后,他开始懂得珍惜生命的每一分每一秒,不再会为那些无济于事的烦恼而折磨自己了。

在重新审视过那些困扰过我们的事情后,会惊奇地发现一个"怪象":人们往往在重大的危机面前都能表现出勇敢、团结、执着和善良,但在日常生活中,却因为那些琐碎的小事而变得计较、多疑、自私和怯懦。因为我们太关注自己内心的感受,太在乎自己的得失,最后反而失去自我,让自己被烦恼搅得团团转。

生命太短促,当我们烦恼时,请问问自己,眼下的这件事真的值得我丢不开放不下吗?莫要等到生命殆尽时才懂得惜福。所以请放开你的心,恢复心灵原本自由飞翔的能力,在辽阔的境遇中感受快乐,要知道心宽才是幸福。

不要活在别人的评价里

每个人都有自己的生活方式与态度,都有自己的评价标准,可以参照别人的方式、方法、态度来确定自己的行动方略,但万不可生活在别人目光的阴影下。一个活在别人标准和眼光之中的人是痛苦而悲哀的,他们从来都不曾体会过展现自我的快乐。

很多烦恼都是因为太在乎别人的评价，将别人的赞许看作是一种强大的支配力量，一旦遭遇批评，便会失去精神支柱而变得憔悴忧愁。但生活中大多数人对别人的评价总是贬多褒少，人性中的嫉妒会让人做出的评价失真。

美丽的艾伦公主拥有一头金色的长发，白皙的皮肤，泉水般清澈的眼睛，长长的睫毛连小鸟都想过来停靠，但从小有一个丑陋的女巫一直在她身边，她嫉妒公主的美貌，甚至从未让公主碰过镜子。

女巫一直恶狠狠地对公主说："你是多么丑陋，千万不要走出城堡，不然所有的人都会被你吓到。"可怜的公主每次听到这样的话都倍感伤心，她渴望有人说自己漂亮，但又不敢去见陌生人，于是便终日躲在城堡里不肯出去。

直到有一天，一位王子从窗户中窥见艾伦公主的美貌。王子再也不想离开，并对公主表达了仰慕之情，公主这时候便犯了难：女巫说自己奇丑无比，王子又说自己美貌绝伦，到底哪个才是真正的自己？公主变得更加痛苦，慢慢地她开始喃喃自语："我漂亮吗？我到底长什么样子？

这时候恰巧一个天使经过，看到美丽的公主变得这样憔悴，便来到她身旁，对她说："你为何不走出去找到一面镜子，这样不就知道自己是漂亮还是丑陋了吗？"

"我怕我太丑陋，会吓到别人。"公主难过地说。

"你没有看过真正的自己，怎么就断定自己是丑陋的呢？"天使不解地说。

在天使的劝说下，公主怯生生地走出城堡，来到一条小河边，当她俯身下去打算汲水解渴的时候，公主看到了自己的影像。她被自己的美貌惊呆了，但同时也看到了自己忧郁的眼神，她回想了过往，自己是那么的不快乐，如果早一点走出来就不会那么难过了，所有的痛苦都在于自己太在乎别人的看法，以致不敢正视自己。

这个童话故事告诉人们，不要活在别人的评价里，那样只会让自己看不清自己的真正价值。现实生活中，不在意别人的评价很难，虚荣心是一种天性，连圣人也不例外。但只要调整好自己的心态，将批评看作是一种动力，不断完善自己，就会驱除烦恼，带来快乐。

能够转化批评的人一定是自我非常强大的人，因为他知道活在别人的评价中失去自我同时还会失去快乐，所以选择转化，做到“不以物喜，不以己悲”。

在电影历史中占有一席经典之位的《修女也疯狂》的女主角乌比·戈德堡，从小就是一个“与众不同”的“另类”。但她却始终坚持着成为一个独立的个体，坚强地承受着来自他人眼光的所有疑义甚至责难，正如妈妈曾经教育她的那样。

乌比·戈德堡是好莱坞为数不多的黑人女星中比较著名和成功的一个。她出生于1955年，那是正值“嬉皮士”流行的时代。她生活在环境复杂的纽约市切尔西劳工区，经常身穿大喇叭裤，头顶蓬蓬头，脸上涂满五颜六色的彩妆。虽然周围人总是对她的奇装异服议论纷纷，但她似乎一点也不在乎，依然自得其乐。

有一次，好友邀她一起逛街看电影，但看到她穿着破烂的吊带裤和漆染衬衫，非常生气，无论如何也不愿与她同行，乌比·戈德堡为此感到非常难过。

正当这时，乌比·戈德堡的母亲走过来，出人意料地对她讲：“你可以去换一套衣服，然后变得跟其他人一样，但那样你就失去了自己的个性，也不是自己所愿。但如果你想做你自己，就要确信你足够坚强，可以承受一切外界的嘲笑。与大众不同本来就是一件很不容易的事，你会因此而引来批评，你的情况也会很糟糕，但只要你坚持下去就会收获别人所没有的快乐。”

乌比·戈德堡大受鼓舞。她恍然间意识到，母亲要告诉自己的是不要活在别人的评价中，那样只会失去自己的特点并且为之疲惫。如果这次她为了与朋友的目光“和谐相处”而换掉今天的这身衣服，那么日后又要为多少人换多少次衣服呢？也就是从那时起，乌比·戈德堡更加坚持做自己，即使在强大的“同化”压力下，也不愿为了他人的目光而改变自己。

她在《修女也疯狂》中扮演的修女也是一个很另类的形象。就是在她成名后，也总能听到人们说：“她在这些场合为什么不穿高跟鞋，反而要穿红黄相间的跑步鞋？她为什么不穿小礼服？她为什么跟我们不一样？”但最终，人们不但接受了她的风格，甚至开始模仿她，学着她的样子梳起黑人细辫头，因为她浑身都散发着与众不同的自信，这种魅力让所有人为之折服。

众口难调，大千世界，每个人的喜好都不尽相同，没有自我的生活方式，内心就像一个没有根的浮萍，随波逐流。生活中没有固定的形状，只有内心坚定，才能压住心中的“狂魔”，进而找到主宰生活的方式。

幸福不是别人眼中的投影，每个人都有不同的幸福标准，找到适合自己的，才能拥有幸福。无论他人幸福与否，都不是我们所能触摸到的。一旦与别人的幸福做比较，幸福便会离你而去，因为幸福在你这里是独一无二的，容不得一丝比较。

意大利诗人但丁在《神曲》中的一句名言：“走自己的路，让别人说去吧！”广为人知的周杰伦在动感地带中说的广告语：“我的地盘听我的！”这些都告诉烦恼中的人们，要做真正的自己。

做真正的自己，相信自己的判断，不害怕被孤立，不害怕指责，勇敢而真诚地表达自己，同时也不盲目骄傲，在保持自我价值的同时包容别人的批评，谦虚地接受别人的建议，不迷信权威。一条直线是达到终点最短的路线，简单成就真实，真实导向美丽。

看看大自然中的一切我们便会明白，一泓静谧的湖泊，没有瀑布飞流直下的气势，也鲜有江海辽阔无垠的广域，却依然恬静地守候属于自己的那一抹幽蓝。人生也是如此，只有对自己的心灵诚实，自信于自己的与众不同，才能在瞬息万变的世界中活出自己的华彩。

原谅别人，就是善待自己

莎士比亚忠告人们："不要因为你的敌人而燃起一把怒火，结果却烧伤了自己。"懂得原谅别人的人，才是善待自己的人。一直纠结于别人的过错之中，表面看是放不过别人，其实是束缚自己。

人是群居性动物，纷纷攘攘，难免会有冲突，受到伤害和伤害别人都是在所难免的事。父母偏心，领导刁难，同事争斗，爱人吵架，这些都使我们受到伤害，如果不懂得原谅别人，只会让自己陷入无边无际的烦恼当中。

宽以待人，是主动创造和谐关系。它不仅能为你赢得尊重，更能够净化你的心灵，升华你的境界，原谅别人的同时也免去了自己的纠结，与人方便，自己方便。若一味地沉陷于别人对自己的伤害中，不肯原谅别人，只会将痛苦放大。

第二次世界大战期间，一支部队在森林中与敌军相遇。因为部队在激战中被冲散，两名来自同一个小镇的战士便与部队失去了联系。两人在森林中艰难跋涉，在寻找部队的同时还要躲避敌军的发现。但将近半个月过去了，也没有见到部队的半点踪影。他们互相安慰，相互扶持着度过那些难捱的日子。

这一天，两人用所剩不多的子弹打死了一只鹿，饱餐之后，剩下的一点鹿肉，由年轻的战士安德森背在了身上。因为之后的几天可能都要靠它来支撑生命。

第二天，他们在森林中再次与敌人遭遇。经过激战，两人巧妙地避开了尾追，又逃过了一劫。就在他们都认为自己已经安全的时候，只听一声枪响，走在前面的安德森应声倒下了——幸好这枚子弹打在了他的肩膀上。

后面的老兵惶恐地跑了过来，抱着战友的身体泪流不止，害怕得语无伦次，并赶快从自己的衬衣上撕下一块布来，为安德森包扎了伤口。

晚上，老兵抱着安德森，嘴里一直念叨着母亲的名字，两眼直勾勾的。他们陷入了深深的绝望中，都以为自己再也挺不过这一关了，尽管饥饿难忍，可他们谁也没动身边的鹿肉。那一夜，他们都不知道是怎么度过的。

而就在第二天，部队找到了他们。

转眼五十年过去，曾经受伤的那位战士安德森回忆起那次经历，意味深长地说："我知道那一枪是和我一起的老兵开的。因为在他抱住我的一刹那，我碰到了那发热的枪管。我想他一定有他的苦衷，不然他不会对自己的战友开枪，直到那天晚上他反复念着母亲的名字，我才知道他为了母亲想活下来，于是只能独吞我身上的鹿肉。可终究，他的母亲还是没有等到儿子回来。我和他一起祭奠了老人家。那一天，他跪下来请求我原谅他，我没让他继续说下去。此后五十年，我假装根本不知道此事，也从不提及。从那以后，我们又做了几十年的朋友——实际上，那天晚上我就宽恕了他。"

宽恕他人，也就宽容了自己。一位智者曾经这样说过："你必须宽恕两次。一次是你必须原谅你自己，因为你不可能完美无缺；另外你必须原谅你的敌人，因为你的愤怒之火只会让你变得更加愚蠢。"一个人的胸怀能容得下多少人，就能够赢得多少人。

生活中的很多矛盾大都是由一些鸡毛蒜皮的小事引起的，其实我们完全没有必要斤斤计较。一笑而过，不为别人的错误而劳心费神，前方只有自己追求的幸福与目标。因为怒火会影响你的情绪，让一些本不该出现的悲剧愈演愈烈。

路易斯·福克斯曾是享誉一时的世界台球冠军。而就在1965年的世界台球冠军争夺赛上，他却遭到了沉重的打击，以致不堪忍受失败而自尽。事情的经过是这样的：在比赛场，路易斯·福克斯在比赛已经进行大半的时候，一直保持着遥遥领先。

就在他得意还差几分就能稳坐冠军宝座的时候，一只苍蝇落到了他的主球上,怎么赶都赶不走。在观众的哄笑声中,路易斯·福克斯的情绪恶劣到了极点,愤怒地用球杆击打苍蝇。结果,球杆触动了主球,裁判判他击球,因此而失去了一轮机会。

之后,受此影响的福克斯开始分寸大乱,连连失分。而他的对手约翰·迪瑞则越战越勇,赶超过他,最终夺得了冠军。

第二天早上,人们在河里发现了路易斯·福克斯的尸体——他投河自杀了!

物竞天择,适者生存。竞争是一项生存技能,我们只有拥有"能容天下不爽之事"的心理素质,才能不断逾越生活中的诸多"障碍物",立足于天地之间。否则,任何一个小小的力量都可以将你轻松击败。

懂得用宽容来面对"天下不爽之事",是一种需要操练、需要思考才能达到的境界。宽容是能够接受与自己异样的想法或意见存在,不固执己见,能够站在对方的角度去思考,了解对方想法的根源。宽容是一种尊重他人感受的态度,它让我们吸收百家精华,铸就自己的成长。

摒弃睚眦必报,宽以待人,便会拥有一份潇洒的风采。生气的根源不外乎一己之利或一己之尊受到了侵犯,于是便勃然起色,怒从中烧,可谓有百害而无一利,更是在拿别人的错误来惩罚自己。

人非圣贤,孰能无过。如果执着于过去的错误,就会给彼此带来思想包袱,既对他人造成了阻碍,也限制了自己的思维。原谅别人就是善待自己,给别人改过的机会,给自己快乐的空间,心宽才是幸福。

给自己一颗宁静的心

"君子之行:静以修身,俭以养德。非淡泊无以明志,非宁静无以致远。"诸葛亮在《诫子书》中把宁静作为修身的方法,因为只有当心处于宁静的时候,才可以思考反省。过去的得失,未来的安排,都需要拥有一颗宁静的心去面对。

人生当中,我们所追求的一切诸如财富、地位、健康、美丽、荣誉、爱情,都是建立在一颗宁静的心的基础上。用宁静包容人生当中遇到的挫折、痛苦、恐惧、焦虑,用宁静融化一切烦恼。

当烦恼来袭,失意与彷徨燃烧着每一根神经,让人急躁,看不清事情的本质,想改变现状却找不到方法。快乐也由此变得短暂,并且停留在痛苦烦乱的人生表象之上,这时候恰恰需要能够超越这些表象之外的一颗宁静的心。

著名作家周国平曾讲过这样一个故事:

有一位年轻的少妇,满脸愁容,痛苦之后便投河自尽,恰被正在河中捕鱼的船夫发现,赶紧将其救起。

待少妇醒来,船夫询问道:“你年纪轻轻,以后的路还长着呢,为何轻生呢?”

少妇顿时哭起来,说:“我是世界上最不幸的女人,我经历了太多痛苦,刚结婚不久,就被丈夫狠心抛弃。我把希望全部寄托在孩子身上,谁知我苦命的孩儿却在一场车祸中惨遭不幸,你说我一个人活着还有什么意思呢?”

船夫听了也为少妇的遭遇感到难过,但他想了一会儿问道:“那你结婚前的生活如何?”

少妇回答:“父母关爱我,没有任何烦恼……”

“那时你有丈夫和孩子吗?”

“没有。”

“既然如此,你又何必如此悲伤,现在的你跟两年前又有什么分别呢?”

话音刚落,少妇的心就宁静下来,她陷入沉思中,命运只不过让自己回到了起点,但还不是终点,完全可以重新开始,为何自己要舍弃这么美丽的人生呢?后来少妇又嫁了人,有了自己的孩子,过上美满幸福的生活。

只要还有生命，人生就不会走到终点，前方的路崎岖但充满希望。莫让烦恼模糊了我们的双眼，自暴自弃。人生总要继续，懂得用一颗宁静的心去为自己创造快乐，用宁静除去浮躁，心静了，未来自然明了。

宁静的心可以给人力量，有了宁静，才有专心，才有深思，才有精研，也才有收获。俗话说“心静自然凉”，一旦放慢了内在混乱状态的活动速度，外在环境也就慢下来了。心如止水，排除一切杂念，精力才能绝对集中，周围的一切都会变得虚无，而这便是思考问题的最高境界。

《红楼梦》的作者曹雪芹在潦倒之后，住所由北京城内迁移至西郊香山脚下，过起了家徒四壁、食不果腹的清贫生活。在这里，他用十年的生命，为自己营造了一个宁静的精神家园，为我们铸就了一座仰之弥高的文学奇峰。

古今中外，大凡治学有为和事业有成者，无不与宁静相伴。正是他们追求宁静的心境，经过修炼才能实现其伟大志向和崇高目标。《大学》有云：“知止而后有定，定而后能静，静而后能安，安而后能虑，虑而后能得。”

一颗宁静的心可以让人面对困难与挑战时坦然处之，发挥出本来的实力甚至超常发挥。现代社会对名利的追求干扰了我们的内心，让人变得心烦意乱。当我们太在乎结果的时候，往往都会走向失败。

美国著名杂技演员华伦达，最拿手的杂技就是高空走钢索。每一次表演都可以用“如履平地”来形容，但在一次重大的表演中却不幸失足身亡。

事后他的妻子悲伤地回忆说：“我知道这次一定会出事，因为他太在乎这场表演的成功与否。高空走钢索最需要的就是平静的内心，一丝都不能受干扰。就是因为他太害怕失败，害怕失败之后的难堪，心里跌宕起伏，哪还能站得稳呢？”

那次演出的观众都是美国的知名人物，表演的成功与否不仅关乎华伦达在杂技界的地位，还会给他带来财富。正是他太在乎得失，才酿成最后的悲剧。本来万无一失的表演，因为没有一颗宁静的心，而影响了正常水平的发挥。

很多时候，我们一直都在苦苦追寻成功，奋力捕捉机遇。但成功的声音往往是轻巧的，只有怀着一颗宁静之心，才能听得见成功的召唤。正如一位哲人所说：“把尘世的礼物堆积到愚人的脚下，我只要赐给我不受烦扰的心灵！”拥有宁静的内心世界是上苍对我们的最好赏赐。

人生在世，难免会有苦痛，难免会有悲伤，但只要你用一颗宁静的心去迎接它们，所有的痛苦和悲伤便会转化成幸福和快乐。享受心灵的静若止水，一种充满内涵的悠远，便可以在从容中品味过程的美好，在宁静中感受成功的自然。

选择越多，内心越痛苦

有位哲学家说过：“烦恼大多时候是由生活中的太多选择所引起的。”仔细想来，当我们在生活中只有一种选择的时候，内心是平静而快乐的，但是可供选择的事物一旦多起来，烦恼也就尾随而来。在众多的选择面前，我们往往患得患失，犹豫不决，摇摆不定，最终我们得到的只有无尽的痛苦。

森林中生活着一群猴子，它们每天靠看太阳来知晓时间。每天当太阳升起时，他们会从洞中爬起来外出觅食，当太阳落山时，他们又自觉地回洞中休息，日子过得平静而快乐，谁都没有想过时间还可以被掌控。

直到有一天猴子卡卡在外出觅食的过程中捡到了一只手表，这应该是旅客在游玩的过程中，不小心遗落的。聪明的卡卡很快就搞清楚了手表的用途，于是，卡卡便掌控了整个猴群的作息时间。不久后，他就凭借这一点在猴群中建立了自己的威信，成为猴王。

成为猴王的卡卡将这只手表奉为宝物，因为它带给自己机遇与好运。得意之后，卡卡就想：若要有更多的手表，岂不是会拥有更多？于是它每天利用大部分的时间在森林中寻找，希望自己可以得到更多的手表。功夫不负有心人，聪明的卡卡终于又找到了第二块手表，乃至第三块。

但出乎卡卡意料的是，他得到三块手表之后，不仅没有带来更多的好运反而带来了麻烦与痛苦，因为每块手表所显示的时间都不尽相同，卡卡根本不能确定哪块手表上显示的时间是正确的。它再也没有办法告诉大家准确的时间，一段时间后，卡卡在猴群中的威望大大降低，整个猴群的作息时间也变得一塌糊涂，于是大家愤怒地将卡卡拉下了猴王的位置……

只有在心灵回归简单的时候，才能处于平静。若选择太多以至超出了我们心灵的负荷，就会带来痛苦和烦恼，因为我们无法掌控自己所拥有的，烦琐的选择遮盖了我们心灵的阳光。一块手表已经足以明确地知晓时间，更多的手表只能使自己在选择中迷失。

更多的选择往往是我们内心不断追求的结果，对现实的不满足、不珍惜，让我们不断地想从选择中获得更好，到最后没有获得更多的快乐，反而将自己置于痛苦之中。圣经上说，人是上帝一个简单的心思，用简单的泥土造就的。既然因简单而生，我们为何要去追求那无谓的繁杂呢？

哲学家说："生命因人不肯停止的欲求，成为一个作茧自缚的过程！"行为心理学家也指出：人的行为更多的是受人生的一系列目标或人生的一系列目的所支配。在达成目标的过程中，人们开始不断追求目标的完美，在遇到很多选择时，人们必然会仔细斟酌，细心掂量。于是，烦恼就产生了，混乱的生活状态也就开始了。

人生当中，有目标并不可怕，可怕的是不断索取，刻意追求极致完美，给自己设立太多的选择，不肯放手，奢望太多。所以，我们要想从这种混乱、痛苦的状态之中走出来，就要勇于舍弃，让生活归于简单的状态。舍弃那些扰乱我们心智的"更多的选择"，过一种简单的生活。

有一个诗人，为了追求精神上的富足，总是穿梭于各个城市、各个国家。他的一生都是在异地、在各种交通工具和旅馆中度过的。这并不是因为诗人买不起一栋房子，而是怕房子限制住了自己的精神，因为物质欲望会让选择越来越多，以致拖累自己。

后来，诗人年老体衰，有关部门鉴于他为文化艺术所做的贡献，就给他免费提供一处住地，但遭到了他的拒绝。理由是他不愿意为外在的房子、物质等耗费精力，只想专注于创作。就这样，这位独行的诗人，在旅馆和路途度过了自己的一生。

诗人死后，为世人留下了十卷极为优美的诗歌与随笔作品。而他的所有遗物，只是一个简单的行囊，行囊里是写作用的纸笔和简单的衣物。

正如尼采所说："你如果只选择一个目标，或者选择一种道德而不会贪多，那说明你是幸运的，因为你会因此而活得快乐些。"不要让太多的选择成为束缚自己心灵的包袱，过一种简单的生活，这样才不至于使自己在众多的选择面前无所适从。

懂得知足，懂得欣赏不完美，选择了一个就不要再贪恋其他的可能性。从烦琐中找到简单，在充斥的物欲中坚持自己的方向。烦恼是因为心绪烦琐，抽出一个你便会回归清晰，莫要让过多的选择占据了心灵，因为心宽才能感觉到幸福。

学会站在烦恼里仰望幸福

人的一生中，有很多事是我们不能改变的，例如出身和外貌，很多人因为自己相貌丑陋而整日烦恼，很多人因为家庭贫困而整日抱怨。当这些我们不能改变的事实阻扰我们更好地向前发展时，烦恼在所难免。

只有懂得站在烦恼里仰望幸福，才能给自己一个希望，烦恼只是当下，未来是可以通过自己的努力得到幸福的。改变现在你所能改变的，改变不了你就接受。懂得接受烦恼，从内心唤醒积极的源泉。

“人生一世，草木一秋。”同样都是一生，有的人虽从出生就拥有比别人多的烦恼，但却一直在努力追求幸福。有的人虽基础丰厚，却一生碌碌无为。对待人生的态度不同，生命的感悟与高度自然也就不同。

当你改变不了世界时，你就改变自己。接受生命中的困难、烦恼、痛苦，你只要相信幸福就在不远处，怀着积极的心态，用汗水去积淀，你会发现人生其实可以活得很精彩。当你积极地对待世界时，世界也会积极地对待你。

卧薪尝胆的越王勾践，在面对亡国之痛，不得不委身为奴的情况下，没有消极，没有气馁，而是振作精神，最终消灭吴国，成就春秋霸业；司马迁遭遇不平待遇之后，并没有因此消沉，而是选择以积极的态度发愤著书，终于写就“史家之绝唱，无韵之离骚”的《史记》；爱迪生在无数次的失败之中，没有理会大家的怀疑与嘲笑，而是继续研究，试用了 6000 多种材料，试验了 7000 多次，最终发明白炽灯。

幸福不是生来就有，一帆风顺的过程只能称之为快乐，只有经历过痛苦和烦恼，才能了解幸福的奥妙。站在烦恼中仰望幸福，烦恼也会化作对你的考验，这样得来的幸福才弥足珍贵。

小凡是一个相貌普通的女孩，甚至可以说有点丑，因为小凡不仅皮肤黑而且眼角上还有一小片褐色胎记，随着年龄的增长，胎记也变得越来越明显。所以从小到大，没有人夸她漂亮、可爱。

刚上幼儿园，小凡就被小朋友们嫌弃，大家管她叫“丑丫头”，她意识到胎记带给她的是折磨、是羞耻、是无尽的烦恼。哪个女孩不爱美，小凡开始讨厌丑陋的自己，并且不愿再照镜子。

妈妈看到小凡的情绪变化，没有直接劝她，而是带着小凡来到商店买了一套公主裙，经过精心打扮之后，妈妈拉着小凡的手，带到镜子面前，让小凡睁开眼睛看看镜中的自己，开始小凡不敢，但在妈妈的鼓励下，小凡看到了镜子中的公主。

“镜子中的还是小凡，但穿上公主裙就变成了公主。虽然模样没变，但穿上公主裙看上去就像公主一样可爱、漂亮。你要明白，有些东西是上天注定的，我们无法改变，比如容貌。但你可以改变你的态度，要知道每个女孩都可以拥有像公主般幸福的权利。这个胎记是上帝给公主的亲吻，只有真正的公主才有，你要感到幸运才是啊。用微笑告诉上帝你有多么幸福，上帝也会更加爱你。”

听完妈妈的话，小凡似乎明白了这个道理：不论哪个女孩只要忘掉烦恼就可以像公主般幸福。渐渐地，这一观点成为小凡的成长动力，大家眼中的小凡变成了一个快乐向上、热情开朗、自信飞扬的女孩。

大学毕业之后，小凡供职于一家杂志社的广告部。在那个美女如云的环境中，自信的小凡业绩始终是最好的。用积极的态度去影响客户，用真诚而自信的沟通和客户建立深层关系。

每一个与她接触过的客户都被她精湛的业务能力和干练的办事风格所折服，都被她的自信与开朗，积极与乐观所感染。很多时候，她的一笔业务谈下来，对方不仅与她成了合作伙伴，还和她成了一生的好朋友。

人和人有差异在所难免，也正是有了这些差异才成就你与众不同的特点。若整日陷在这无法改变的烦恼中，看不到未来，只会被消极吞噬。你虽不能选择出生但可以选择怎样活这一生，站在烦恼中仰望幸福，用一颗积极的心去抚平天生的遗憾。

学会站在烦恼中仰望幸福，用幸福的憧憬融化烦恼带来的痛苦，你会发现上帝为你带来的烦恼是为了让你懂得珍惜幸福。只有经历黑暗才更期盼黎明，只有经历风雨花蕾才能绽放得更加美丽，所以烦恼与痛苦激发出来的幸福才更加绚烂无比。

化敌为友，将烦恼转为智慧

大千世界，几乎每个人都会遇到自己不喜欢的人。与对方四目相对的时候或想起对方的瞬间都会令自己恼羞成怒，可能是他曾经伤害过你，也可能是他身上有你不喜欢的特点，你开始将他视为自己的“敌人”。

面对敌人，你会怎么做？用或犀利或冷峻的目光仇视对方还是有灭之为快的冲动？更甚者当面说一些让对方不舒服的话，或者背地里耍一些破坏性的小把戏？或者……即便如此，也不能让自己化烦恼为快乐。

因为与之对峙的同时，我们自身的精力也必将有所消耗，自身的心性也必将有所动乱。打压或者消灭敌人并不能显示出我们的任何智慧，最后不但不能化解矛盾，反而会加剧彼此间的冲突。

雨果曾说过：“世界上最宽阔的是海洋，比海洋还宽阔的是天空，比天空还宽阔的是人的胸襟。”对于一个胸怀宽广的人来说，即使别人的所作所为令人生厌，他们也会包容，使敌人不再是敌人，甚至变成朋友，使烦恼转为智慧，享受一份从容和淡定！

欧玛尔，凭借自己独特的取胜秘诀，成为英国历史上唯一留名至今的剑手。

曾经，有一个与欧玛尔势均力敌的敌手，与欧玛尔斗了三十年，仍然不分胜负。但在最后一次决斗中，那位敌手被欧玛尔的独特取胜秘诀彻底击败，输得心服口服。

事情的经过是这样的：当二人旗鼓相当时，敌手不慎从马上摔了下来，欧玛尔持剑跳到他身上，一秒钟内就可以将他杀死。此时的敌手，被即将面临的失败冲昏了头，于是便朝欧玛尔的脸吐了一口口水。

欧玛尔的身体突然僵在了那里，过了一秒钟，对敌手说：“我们明天再打！”

敌手有点糊涂。

欧玛尔说：“三十年来我一直要求自己在作战的时候不能带一点儿怒气，但刚才你吐我的瞬间我动了怒气，如果此时我杀死你，就违背了自己的原则，我就再也找不到胜利的感觉了，所以，我们只能明天重新开始。”

原来这就是欧玛尔独特的取胜秘诀，敌手立刻双膝跪地，拜欧玛尔为师。

欧玛尔的取胜秘诀在于他从不仇恨敌手，不把敌手看作自己的敌人，这样便能全身心地专注于比赛，不会因为敌人的存在而烦恼，同时这种豁达的品德更能赢得对方的尊重，从而从精神上战胜对方。

当你为敌人的存在而烦恼时，你已经输给了敌人。因为他影响到了你的思绪，让你无法集中精力，无法继续享受快乐，这比在现实中击败你更加可怕。

俗话说：“朋友多了路好走，冤家多了路难行。”朋友可以是永久的朋友，而敌人却不要成为永久的敌人。化敌为友，宽待敌人，不仅能够将烦恼转化为智慧，同时还能够制敌，达到以德报怨的境界，这才是人生最大的胜利。

英国哲学家培根就曾经说过这样一句话：“没有情人，会很寂寞；没有敌人，也同样寂寞。”真正从容淡定的大智者将敌人看作激励自己上进、成长的对手。敌人就像一面镜子，反射出我们的不足，促使我们在竞争的压力下迅速进步。

一位动物学家曾对生活在非洲大草原奥兰治河两岸的羚羊群进行过对比研究。他发现东岸羚羊较西岸羚羊来说，繁殖能力强，奔跑速度快，根据统计，平均每分钟东岸羚羊的速度要比西岸羚羊的速度快 15 米还多。两岸的生存环境相同，气候也相同，但为什么会有这么大的差别呢？

动物学家扩大考察范围寻找原因，于是他发现，东岸的羚羊之所以强健，是因为在它们附近生活着一个狼群，西岸的羚羊之所以弱小，是因为缺少一群天敌。

动物世界最能直观地表现大自然的生存法则，“物竞天择，适者生存”，人类也不例外。有了对立，有了竞争，整个环境才能不断向前进化。所以“敌人”与我们并非势不两立，正是因为他们的存在，我们才能够时刻保持竞争的状态，正是因为他们的存在，我们才能不断获得精进。

其实所谓的敌人只不过是威胁到你的利益和你所爱的人或事物，当他伤害了你，你若活在仇恨中只会让自己更加烦恼。拥有一笑泯恩仇的豁达，化敌为友，少一个敌人，多一个朋友，对方也会为你的气度所折服。

人生最大的敌人，不是别人，而是自己；人生最大的胜利，不是制敌，而是将敌人转为朋友！帮助敌人，冰释前嫌，不但是保护自己，更是为自己找到更大的助力。凡是能化敌为友的人，必是胸怀韬略之人，也自然能够赢得从容淡定的人生。

第六章

失落，是苛求染黑了快乐

刻意追求是不可取的

追求是人生获得价值的推动力，有了追求，生活便开始注重品质。但若不和实际相结合，刻意追求不切实际的目标，追求便会成为“空中楼阁”。曾经的昂扬斗志也会因为与目标距离太远而跌入谷底，快乐被苛求染成了黑色。

苛求太多，只会让我们的生活变得更加暗淡。追求是为了改变现状，但期望太高，希望就会走向绝望。现实是残酷的，它不会因为你的想法而轻易改变，最终只能以失落收场。

所以有追求是好事，但不能苛求太多。刻意追求是不可取的，应看清自己的基础，认清自己的位置，让主观上的成功与现实结合，才能转化为客观上的成功。俗话说“没有金刚钻，别揽瓷器活”，很多时候“心想事成”只是一种愿望，应用理智代替妄想。

一名年轻人到一家知名公司应聘，主考官问他：“你觉得以你现在的能力在公司可以胜任什么职位？”

年轻人仔细地考虑起来，自己刚刚大学毕业没多久，也没有什么工作经验，但是自己勤奋好学，努力向上，于是一脸真诚地说：“我可以做一名合格的普通职员。”

这时候主考官将问题抛给了其他应聘者，其他人都信心满满地回答：“总经理。”

拿破仑有一句名言：不想当将军的士兵不是好士兵。这成为无数年轻人的人生激励，年轻人听到其他人的回答，心想主考官一定会认为自己没有上进心和追求，从而不会录取自己。但又一想，只有把士兵做好才有当将军的机会，自己的回答并没有错。

正在年轻人准备离开时，有人通知他被第一个录取了。年轻人喜出望外，主考官这时候说：“我们应聘者当中已经有30多个‘总经理’，所以我们决定首先录用你，因为30多位‘总经理’至少需要一位‘普通职员’！”

不想当将军的士兵不是好士兵，确实如此，但一味地想当将军，从而忽略了做士兵的本职工作，没有踏实稳健的过程，又怎么能实现目标，当上将军呢？

如果不能好好利用自己的斗志和激情，而将其看作投机取巧的手段，也许你会获得一时的利益，但时间一长，你的缺点便会毫不遗漏地显露出来，无尽失落的同时还要重新回到原点。追求应是顺应自然，享受过程，一步一个脚印，而这也正是追求的本质。

生活在这个繁华世界，人的追求往往赶不上时代的脚步。当曾经的追求带来无尽的失落时，便会击碎再次追求的信心，于是只能整日浑浑噩噩。殊不知失落是因为苛求太多，从一开始设定了无法企及的目标，梦想便注定成为泡影。

法国著名的作家贝尔纳，一生著作无数，尤其以小说和剧本著名，在法国影视剧历史上占有特别重要的地位。

有一次，法国一家报纸刊登了一道题目，回答最合理的可获得巨额奖金，很多人纷纷参与其中。题目是这样的：如果法国最大的博物馆卢浮宫失火，情况紧急，你只能救出一幅画，你会选择哪一幅？

很多人都说要先抢救价值最高的那幅画，但贝尔纳的回答却最终获得该题的奖金，他的回答是这样的：“我会抢救离出口最近的那幅。”

追求的目标不应该是最有价值的那一个，也不是自己最喜欢的那一个，而是最有可能实现的那一个。聪明的人知道自己能力与想象力的边界，深知即使能力太强，总会有一些角色是自己永远都扮演不了的。

生活中很多东西都是我们想得到却又得不到的，一味地追求只会给自己带来压力、痛苦和焦虑。这时，放弃不仅是一种理智，更是一种解脱。根据自己的能力来生活或者做事，就不会心有余而力不足。

学会降低标准，要知道只有实现的目标才能带来快乐，硬撑的东西再美好，也是短暂的。我们无须为别人“虚伪”的掌声而醉心，只要为自己内心长久的宁静感到宽慰就足够了。

人人都要有希望，但不要奢望，因为奢望会使人失望。少一点苛求，多给自己成功的机会，就不被厄运烦恼，不被痛苦缠绕，不为本可以避免的失败而失落，幸福的感觉便会因为追求而更加浓烈。

这一刻，降低你的期望值

心理学对“期望值”有两方面的定义：从宏观上来讲，期望值是指社会大众对处在某一社会地位、角色的个人或阶层所应当具有的道德水准和人生观、价值观的全部内涵的一种主观愿望。从微观上来讲，期望值是指人们对自己的行为和努力能否导致所企求之结果的主观估计，即根据个体经验判断实现其目标可能性的大小。

期望值在很大的程度上影响着人们对生活的感知度，经济学上有个简单而有意思的公式：幸福＝效率/期望值。显而易见，要想提高幸福感，无疑就是增大效率或者降低期望值。

然而增大生活效率并不是短时间就能够做到的“技术活”，而且这还可能会让我们的生活变得更加焦虑。那么，降低期望值就显得是一个更为现实和有效的方法。因为，只要你能够调整好自己的心态，不过分苛求，期望值就会减小，幸福感也就会增加。

心理学家也认为，降低期望值是治疗情绪失落的最有效也是最简便的一个技巧。当心情低落时，认真倾听自己内心最真实的声音，从而准确地掌握期望值中最为重要的部分，适时调整自己，很快就会重新拥有快乐。

在现实中，人们总是在生活中不断地设置一个又一个的期望“高地”，然后一个又一个地去攻克、去占领，以为这样便可以得到幸福。但依照上面的公式，期望值这个底盘越大，幸福感的塔顶便越尖细。提高期望值不仅不会消除以前的失落，反而会带来新的烦恼，如此反复，永无尽头。

曾经热播的励志电视剧《奋斗》，无论是剧中的男主角陆涛、向南还是女主角夏琳、杨晓芸，没有一个不为追求幸福而日夜奔波。剧中的男主角陆涛，刚刚大学毕业，以为实现自己的梦想，展现自己的才华就是最幸福的事，在奋斗过程中和夏琳产生分歧，才发现幸福不是一个人拥有多少名利，而是和爱的人在一起。

如果把拥有富裕奢华的生活当作人生奋斗的目标，就会被欲望牵引，不断增大期望值，幸福感也就会越来越小。只有我们降低对物质的需求，改变这种奢华的生活目标，就将会有更多的时间来感受生命的内涵。目标简单一点，生活便会充满幸福、快乐、轻松，让人体味到“原生态”的甘醇。

当我们对生活感到失落时，几乎都是因为对曾经的过往抱有太高的期望。我们把生活想象成一种特定的方式，但凡呈现的和事先预想的不一样时，就会感到沮丧万分。对生活过多地苛求，就染黑了原本纯白洁净的快乐。

其实，若你仔细回想一下曾经走过的路，便不难发现，生活所给予自己的已经很多，但我们看不到，眼里只有那些额外苛求的东西。人只有在不同条件、不同阶段中随时调整自己的目标、心态和期望，才不至于被生活所奴役。当我们试着把期望值降低时，即使事情最后没有达到预期的效果，也不会因此太失落。

“非典”时期，很多人都写下“能活下去就是最大的幸福”的话语；地震过后，从废墟中走出的孩子们只希望自己“能有根彩色的铅笔”。我们在同情那些受难者的同时，是否也想过：难道非要在人的生命受到威胁或者生命的进程有了具体的时间表时，人们才会从忙碌与压力中挣脱出来吗？

所以降低期望值，就从这一刻开始吧。因为这个世界上所有获得幸福的途径中，这种方法的投入产出比也许是最高的。通过心理调节，对生活少一点苛求，接受不在自己意料之中的结果，从而减轻或消除心理负担。

但有一点需要注意的是，降低期望并不是让我们懒散于工作，懈怠于生活。这只是意味着，只要尽力而为了，任何最后呈现的结果都是一种收获。因为，沉淀下来的生活才能让人感悟到生命的真谛所在，而这种沉淀就要求内心对周围期望是简朴的。

心态不同，在生活中收获的也就不同。如果你总是感觉到失落，那是因为苛求染黑了你的快乐。懂得降低一分期望，便会增加一分幸福。丢弃过高的要求，还心灵一抹清亮之色，认真地体验生活、享受生活，我们就会发现，生活会因为简单而更加富有乐趣。

不要过分地追求完美

一天，苏格拉底的三个弟子向他请教：“如何才能找到自己理想的伴侣？”

苏格拉底没直接回答，而是将他们带到一块麦田中，进行一次比赛，看谁采摘的麦穗最大。并且规定，三人各自沿着田埂向前走，不能后退，每人只有一次机会。

第一个弟子刚刚走出几步，就看见了一枝麦穗又大又漂亮，他顺手将其摘了下来。而后他突然想起师父的要求，在后面看到不少更大更好看的麦穗，却已经失去机会。最后，他不得不带着遗憾走完全程。

轮到第二个弟子的时候，他倒是吸取了一点教训，每当他要摘麦穗时，总是不忘警醒自己说："别急，后面还有更好的麦穗。"然而，当他临近终点的时候，他才知道已经错过所有机会了。

接下来，第三个弟子吸取了前面两个人的教训。当他走到三分之一路途的时候，他细心地将看过的麦穗在心中分出大、中、小三类。在第二个三分之一的路途中，他开始验证是不是正确，在最后三分之一路途里，他从中选出了最大最漂亮的那枝麦穗。尽管这可能不是全程当中最大最美丽的，但是它一定是最合理的那一枝。

追求可以让我们有选择地发现生命中美好的一面，但只有合理取舍，不过分地追求完美，才能保持冷静的态度，用理智为自己选择最恰当的结果，就像苏格拉底第3个弟子一样，他这一路没有任何遗憾，反而体会到了追求带来的快乐。

这个世界上所有的缺陷与遗憾都是"被上帝咬过一口的苹果"，人类历史上有太多的天才俊杰都"被上帝咬过一口"：失明的文学家弥尔顿、失聪的大音乐家贝多芬，正是这些被"上帝咬过一口"的不完美才激发出了他们的潜能与天赋。

追求完美本身无可厚非，我们可以把它视作一种浪漫的憧憬与希望，或是生活的一个过程和体验。但如果把浪漫凌驾于现实之上，把幻想寄托于现实之外，一味地苛求某种超越人生现实的终极完美，那么，失落便会出现，悲剧也开始酝酿。

追求完美就是对生活的过分苛求，有句广告词是这样说的："没有最好，只有更好。"所以不管在什么样的环境中，我们都需要谨记：永远不要陷入"追求完美"的沼泽地，那样你会将快乐置于黑暗当中。

有一个单身了半辈子的男人，在他43岁那年，突然结了婚。新娘跟他的年纪相仿，但经历却比他复杂得多。她原本是个歌星，结过两次婚，当她在歌坛几乎销声匿迹的时候选择了第三次婚姻。男人的很多朋友认为，新娘配不上他，因为她有太多的不完美。

一天，这个男人与朋友们一起开车出门，他一边开着自己的车一边笑着说：“我还年轻的时候，就一直有个梦想，盼望能开上宝马车，但是没钱的我却买不起。现在还是这样，我的钱仅够买一辆二手车。”事实上，他现在开的就是一辆老的宝马车，朋友回答说：“二手也不错呀！”

他听后笑着说：“是啊，旧车也不错！我现在的妻子，尽管结过两次婚，还在演艺圈拼打过20年，但是也正是因为她有过那么丰富的经历，才让她看淡人生中的浮华和欲望，而这正是每个人最欠缺的。现在的她会做一手好菜，又懂得料理家务。说真的，我认为这是她一生中最完美的季节，我在这个时候遇上了她，实属我的福气呀！”

“对，非常有道理！”朋友改变了对他妻子最初的印象。过了一会儿，他又接着说道：“再看看我，跟她比起来，身上有太多不完美之处，以前我还做过很多不靠谱的事情。正因为我和她都经历了很多，所以，我们才变得成熟，才知道要在生活中珍惜彼此，忍让彼此，这种不完美才成就了我们现在的完美啊！”

正所谓“水至清则无鱼，人至察则无徒”。一个人若真的达到了“完美”，从某种意义上说，便是一个可怜的人。因为他永远无法体会有所追求、有所希望的感受，也永远无法体会接收到别人带给他梦寐以求的东西时的喜悦。

有一天，寓言家布里丹想让自己的小毛驴吃到最新鲜的草，于是便把它牵到了野外。布里丹抬眼看见左边的草根长势很好，绿油油一片，于是赶紧拉小毛驴到了左边，还没等小毛驴开始吃草，他又觉得右边的草色更绿更茂盛，于是，又赶紧将小毛驴带到了右边。这时候小毛驴刚要低头吃草，布里丹又看到远处有更鲜嫩的绿草，于是，他又匆匆忙忙地将小毛驴带往远处，还没到，他发现这里的草量其实很少……

就这样，布里丹带着自己的小毛驴，一会儿到左边，一会儿到右边，一会儿到近处，一会儿到远处，一直在寻找最好的草地。

最终，这头小毛驴因过度饥饿劳累死在了半路上。

“完美本是毒”，如果每件事情都要刻意追求一种完美，无疑是给自己的内心施压、增负，因为追求完美的性情若长此演绎下去，就会让一个人变得越来越执着，同时，愈演愈烈的失落也会接踵而来。

所以，对于我们眼前的一些现状，凡是能够改变的，我们则应尽力去改变；凡是我们无法改变的，我们则应坦然地接受它。缺憾未必就是不完美，就像断臂的维纳斯。当我们的心灵沉静下来的时候，不妨从另外一个独到的视角去看待缺憾，可能缺憾才叫真完美。

你不可能让每个人都满意

经典励志书《秘密》中揭示了生命的潜能，书中写道：“对于你来说，没有什么限制，除非是你自己强加给自己。你就像鸟儿一样，你的思想可以从任何障碍物上飞过，除非你将限制强加给它并束缚它们，或囚禁它们，或剪断它们的翅膀。”

这种限制就是众人之口，你不可能让每个人都满意。因为众口难调，我们本身又存在局限性，不可能做到完美。若过分苛求所有人的认同，只会让自己在迷失自我的沼泽中变得失落与痛苦。

一位农夫想把饲养多年的驴带到集市上去卖，于是便和他的小儿子，还有那头驴一起上路了。

没走多远，就听见身后有三五个女孩，对他们指指点点。一个姑娘还嘲讽地说：“嘿，快瞧，还有这样的傻瓜，有驴子不骑，宁愿自己走路。”农夫听到这话，一拍脑门，心想自己怎么那么傻呢，于是立刻让儿子骑上驴，自己则在后面跟着走。

不久，他们又遇见一群老人。只见这些人满脸忧愁地说：“喏，你们看见了吗？如今的老人真是可怜。自己都这把岁数了，还在地上走，却让年轻健壮的儿子骑在驴上。”农夫听见这话，连忙叫儿子下来，自己骑上去。

走到一半的路程时，路边有一群妇女和孩子，七嘴八舌地对他喊着：“嘿，你这个狠心的老家伙！怎么能自己骑着驴，让可怜的孩子跟着走呢？”农夫闻声，叫儿子上来，和他一同骑在驴的背上。

快到市场时，一个城里人对身边的人说道：“哟，现在的农民真是不知道心疼牲畜，瞧这俩大人把那头驴压得气喘吁吁的。”另一个人插嘴说：“哦，谁能想到他们这么骑驴啊！依我看，不如两个人驮着驴子走。”农夫和儿子闻言急忙跳下来，找来绳子捆上驴的四条腿，又找了一根棍子把驴抬了起来。

这对父子卖力地抬着驴走向集市，就在通过闹市入口的小桥时，又引起了桥头上一群人的哄笑。父子顿时不知所措，没顾及到抬着的驴子，致使驴子受了惊吓，挣脱了捆绑想逃跑，不想却失足落入了河中。

父子二人最终恼怒、羞愧地空手而归。

生活中我们常常因为别人的不满意而失落，费尽心思迎合每一个人。我们小心翼翼地过活，唯恐有一个人不满意，但结果还是令人不满意，最终我们自己为此劳心伤神。

其实我们应该认识到，我们想让每个人都满意其实是为了满足自己的归属心和自尊心。美国著名心理学家马斯洛认为，每个人都希望自己能得到别人的认可，希望别人能给予自己积极的正面肯定。如此看来，在乎别人对自我的评价，也是件很正常的事。

关键在于，是把他人的意见当成参考的佐证，还是为了获得满意而“三易其道”。如果是后者，那么你将因小失大，在不断为外界改变自己的时候逐渐迷失自我。我们每个人都应该知道自己的路，明辨所追求的目标，用别人的意见来修正自己。只有这种简单的坚持，才使得心无杂念，思想空灵，一切才能变得简单而易行。

古今中外对此早有论断，并且存有某种默契：西方文艺说：“一千个读者眼中就有一千个哈姆雷特。”东方民俗言：“萝卜青菜，各有所爱。”大千世界，不管你身处什么位置，有一点你永远无法改变：因为承担着“青菜”的角色，势必会或多或少地遭到“萝卜们”的不满。变成萝卜吗？不可能，也没有那个必要。

因为凡事若太全面，也就失去了价值，苛求别人的满意最终将失去自我。正如一句网络语：“治一种病的药是好药；治多种病的药是止痛片；包治百病的药是假药；药到病除的是毒药。”

所以，在生活中少一点苛求，还给心灵一抹清亮之色。要活得认真，做得真实。坚持自己的“按本色做人，按角色做事”。按照事情发展的本来面目，简简单单走好自己的路，才能爽爽朗朗收获快乐。

苛求环境，不如改变自己

俄国最伟大的文学家托尔斯泰说：“世界上只有两种人：一种是观望者，一种是行动者。”前一种人总是认为环境不尽如人意，主观上却不做任何改变，随着岁月的流逝，自己只能向环境认输。而后一种人，从来不埋怨现实的残酷，用行动改变自己去更好地适应环境，最终拥有改变世界的能力。

苛求环境，只会让自己陷入无尽的失落之中，因为你的力量在环境面前太渺小。所以当事实摆在面前的时候，你不应该要求环境适应你，而要靠自己不断的行动来改变自己，以更好地适应环境。

很久以前，在非洲的一个国家，人们都是赤着脚走路的，从来都不穿鞋，就连国王也是如此。

这一天，国王要到一个偏僻的乡间旅行，因为路面崎岖不平，有很多碎石头，刺得他的脚又痛又麻，这大大扰乱了国王旅行的兴致。回到王宫后，国王立刻下了一道命令：将国内的所有道路都铺上一层牛皮。

并且他认为这是一件利国利民的好事，不只是自己，还有所有的子民们都将因这一举措而受益良多，因为以后大家走路时就不用再受刺痛之苦了。

但是国王没想到的是，国土辽阔，就算杀光全国的牛，也筹措不到足够的牛皮，更会严重影响国内居民的生活。因为人们都认为这是一个相当愚蠢的想法，但谁也不敢违抗国王的命令，只能摇头叹息。

后来，有一位聪明的大臣巧妙地向国王提出谏言："国王啊！您为了全国子民双脚免受刺痛之苦而要用牛皮盖住所有的道路，这是您的慈悲。但您为何不让大家用两小片牛皮包住各自的脚呀？"国君一听，恍然大悟，于是立刻收回成命，采纳了这个建议。这就是"皮鞋"的由来。

当我们不能改变世界的时候，就改变自己。适应环境，融入环境，改变环境，这个过程也体现了人存在的价值。环境就像是一个能量储备库，拥有各种各样你所需要的能量，只有融入环境，你才能获得改变世界的力量。

改变自己不是失去自我，而是为了更好地实现自己在环境中的追求。正如古希腊哲学家柏拉图告诉弟子自己会移山术，弟子们纷纷请教方法。他却笑着说道："很简单，山若不过来，我就过去。"

生活如海上行舟，并不是一帆风顺的，每个人都会遇到这样或那样的困境。在困境面前，你是选择苛求环境，最终一无所获，还是选择改变自己，"曲线"成功，每个人都有权选择自己的态度和前途。人生苦短，能改变世界的又有几人呢？强撑下来浪费的只是自己的青春年华。

最后，让我们永远记住在威斯敏特教堂地下室，英国圣公会主教的墓碑上写着的一段话：

当我年轻自由的时候，我的想象力没有任何局限，我梦想改变这个世界。

当我渐渐成熟明智的时候，我发现这个世界是不可能改变的，于是我将眼光放得短浅了一些，那就只改变我的国家吧！

但是我的国家似乎也是我无法改变的。

当我到了迟暮之年，抱着最后一丝努力的希望，我决定只改变我的家庭、我亲近的人——但是，唉！他们根本不接受改变。现在，在我临终之际，我才突然意识到：如果起初我只改变自己，接着我就可以依次改变我的家人。然后，在他们的激发和鼓励下，我也许就能改变我的国家。再接下来，谁又知道呢，也许我连整个世界都可以改变……

改变自己正是不断修正自己的缺点和不足，环境是一面镜子，过分苛求只会让你看到镜子中自己的丑陋，劳心费神而又徒劳无益。所以漫漫人生路，只有不断地去适应环境，让环境来检验自己的成长，放低自己，改变自己，才能还给心灵一抹清亮，要知道给予比苛求更能收获快乐和成功。

爱情不需要比较

印度思想大师奥修说过："玫瑰就是玫瑰，莲花就是莲花，只要去看，不要比较。"比较是因为苛求太多，向往更好。殊不知，事物的美感以及欣赏美的心情都会在比较中丧失，例如爱情。

爱情是人生当中最美好的感觉，当你爱上一个人以后，若想在恋爱中获得力量和美好感受，就必须学会珍惜。有人说爱情是坚持与忍耐，一瞬间就可以爱上一个人，但只有包容才可以让这段爱情开花结果。

"他很好，他多好／这些我并不需要知道／再难忘掉，多狂烈的拥抱／这回忆他也给不到／他多好，而我不同的好／最后是谁不重要／因为我知道爱情不能作比较／就算是今天换一个人依靠／明天谁又比谁好／爱看不到，听不到，怎能做比较……"

一首《爱情不能做比较》，唱出了多少人的心酸。爱情无法丈量，也不能称重；别拿你的他（她）和别人比较，也不要把现在"你们"的爱情和过去"他们"的爱情相比较。

爱情就像挑选鞋子，再华丽的鞋子穿上不合脚，也不适合你。别人的爱情与自己无关，爱情的幸福与否取决于自己的感觉，而非他人。若为了“不服输”的虚荣心，将自己的他（她）与别人做比较，苛求对方尽善尽美，是对对方的不尊重，更是对爱情的亵渎。

每个人都不是完美的，男女之间产生爱情就是为了弥补彼此的缺陷，这样生命才可以繁衍，生活才可以继续。每天我们都遇到不同的人，若不停地将异性和自己的伴侣做比较，只会疲惫自己的心。

芳高挑而曼妙，婚后几年依然美丽。她的婚姻似乎和她的相貌一样完美，丈夫几乎让她享尽世界所有的甜蜜——除了他们的物质条件和丈夫的相貌：他们并没有宽敞的房子，而丈夫的个子甚至没有芳高。

生活在平淡中一天天度过。平淡久了，终究也就有了厌烦。当厌烦到快要麻木的时候，芳邂逅了丈夫之外的一个男人，那个男人似乎让她看到了一个全新的世界：俊朗的外貌、挺拔的身姿——关键是，他给芳也买了一套房子：地段好，面积大。

芳决意离婚。

丈夫久久无语。

漫长的沉默中，芳拿出小剪刀开始修剪指甲。可是小剪刀有点儿钝了，不大好用。

“你把抽屉那把新剪刀递给我一下。”芳说。

丈夫把剪刀默默地递到她面前，芳忽然发现，丈夫递给她剪刀的时候，刀柄的方向朝向她，刀尖朝着他自己。

“你怎么这么递剪刀呢？”她有点儿奇怪。

“我一直都是这么给你递剪刀的。”丈夫说，“这样万一有什么意外，也不会伤到你的。”

“是吗？”她毫不在意地反问了一句，心却忍不住轻轻一动，“我从来没注意过。”

“那是因为这太平常了。”丈夫静静地说，“我从没有说过，因为我觉得这没有必要说——其实我对你的爱也是如此。从我爱上你的那一天起，我就告诉自己，要把最大的空间给你，要把最大的自由度给你。就像刚才递剪刀时把刀柄给你一样，把爱情的生杀大权给你，让你不会受到伤害——最起码不会从我这里受到伤害。也许我给不了你那么大的房子，也给不了和你一起上街时别人羡慕的眼光，可这就是我对你的爱。”

听着丈夫这一句句的心里话，芳早就泪水汹涌而出，紧紧地抱住了丈夫。

所有的比较在这份细腻到已经融入生命的爱面前，都是那么不值一提。当用内心去体验时，怎能不被拥有这样的幸福而感动？爱情是一种生活，像吃饭睡觉一样平常，澎湃汹涌的爱情固然令人激动，但不会长久。只有细腻的生活才是爱情的天堂。

比较，多数会带来许多阴暗和不愉快的感觉，比较也是在挑战我们的野心，在诋毁我们已努力过的一切，让所得到的变得毫无生机和意义。比较是危险的，它让我们总是忽视或不满意手中已经拥有的，而一旦忽视，已拥有的就会从我们心灵之中悄悄溜走。

另外一方面，比较似乎会让人上瘾。只要尝过一次“更好”的滋味，就想寻求更多的“更好”。苛求让我们的眼睛总是盯着别处，而看不到自己眼里的风景。苛求真的能带来“更好”的快乐与幸福吗？经历过的人都会发现苛求只会让自己更加失落与痛苦，一步一步远离爱情带来的幸福感。

很多人更是不断将自己和对方以前的伴侣做比较，以此来证明自己的魅力，以为这样可以不断强化在对方心中的地位，这是对自己的不自信更是对对方的伤害。你所拥有的是他（她）的现在和将来，何必在意过去？

曾经，有一对情侣相互之间很甜蜜。

女孩总喜欢问自己的男友“是我好，还是你以前的女友好？”或者是“是我漂亮，还是你以前的女朋友漂亮？”每次，男孩都会被这样的发问弄得既尴尬又扫兴。

一次,女孩无意中得知男友的银行卡密码是他前任女朋友的生日,女孩大发雷霆,觉得男友还爱着以前的女孩,很伤心地向男孩提出分手。

这一次,男孩显然也很生气,但他认真地对女孩说:“现在的我们感情这么好,为什么总把以前的事情摆在眼前,让我们两个人起争执呢?我爱的是现在的你,不是过去的她。不要再去比较了,那是没有意义的!”

女孩看着男孩真诚的双眼,感受到了男孩对自己的真挚情感。明白了爱情不需要比较,比较只会让感情破碎,因为总是提及对方过去的感情只会让他更痛苦。每一段感情过去了就该停留在过去,重要的是现在他是和自己在一起,应该尽情地感受当下的快乐。

不管对方曾经怎样,最重要的是当下如何,当下他(她)是和你相处和谐的人。苛求过去丝毫不会对现在带来任何改变,只会让自己深陷失落的深渊。同样还有人不停地将对方与自己过去的伴侣做比较,结果也同样如此。过去的爱情应该尘封起来,满怀欣喜和勇气去迎接现在的爱情。

若只是想证明自己的魅力或者控制欲,通过恋人对自己的百般呵护和绝对忠诚来找回自信,那么结果一定不会很好。因为这样就等于把自己的愉快和幸福寄托在一些不确定的因素上,受制于人。

有道是:山外青山楼外楼,比来比去何日休?好只是相对的,成就幸福最简单的方法就是:怀着一颗知足的心,守护好当下已经拥有的。莫要让苛求染黑了爱情原本的快乐,要知道人生能够拥有一段真爱是多么庆幸的事。

记住,你不是超人

美国著名汽车公司福特汽车的创始人亨利·福特在回忆当初自己的管理方式时,感慨良多地说:“没有一个人能够像超人一样无所不能。如果当初我执意统揽所有工作，福特公司或许早已经倒闭了。不管一个人的地位有多高，也不管他有什么样的成就，都会不可避免地犯这样那样的错误，没有谁是无所不能的。”

的确，一个人的能力是有限的，认识并接受了这样一个事实，我们便懂得凡事不要苛求自己，那样只会害人害己。把自己当作超人，挑战所有极限和梦想，又怎能不受折磨？记住，你不是超人，只要自己在尽力的情况下，尊重客观规律，抱着一种顺其自然的心态去追求，去努力，就足够。

在福特公司创立之初，无论是技术还是企业运营管理，都是福特本人亲自操办。并且公司很多技术都是福特本人开发出来的，他也因此以技术而闻名。福特也认为自己无所不能，在公司里拥有超人般能量，似乎没有哪一部分能离得开他。

后来有一次，在福特内部技术研究所里，技术人员在为用“水冷”还是“气冷”来冷却发动机的问题上发生了激烈的争论。大部分技术员都支持采用“水冷”来冷却发动机，但是福特却认为“气冷”是最好的，因为之前福特开发的技术都是“气冷”式轿车，效果也非常不错。

没过多久，在美国举行的一次一级方程式冠军赛上，一位车手驾驶福特汽车公司的“气冷”式赛车参赛。一开始，福特汽车遥遥领先；但在第三圈的时候，由于速度过快，产生的热量散不出去，导致车身失控，赛车撞上了旁边的防护栏后油箱爆炸，车手被烧成重伤。

此事被媒体报道后，使得“气冷”式轿车的销量剧减。技术人员要求更换“气冷”式轿车为“水冷”式轿车，可此时的福特仍旧坚持研究“气冷”式轿车，他不允许有人质疑他的技术能力。以至于公司的几名技术人员准备辞职。

“您是觉得您个人重要，还是整个公司重要？”福特公司的副总经理不忍心公司的核心技术人员离去，果断地找到福特。面对这样严肃而直接的质问，福特惊讶地回答道：“当然是整个公司重要了。”“那您就不要身兼数职，因为在企业管理方面，您是一个成功的CEO，但在技术方面，还是请您同意让他们去研究水冷引擎。”副总经理的毫不留情让福特猛然醒悟过来，明白了事态的严重性，也明白了自己一直以来大包大揽的角色错位。

于是，福特亲自召见了所有的研究人员，宣布公司技术研究的主要方向由他们决定，自己只负责管理。紧接着，福特把当时想辞职的几名技术人员全部委以重任，自己也不再插手技术方面的问题。

后来，公司的技术人员开发出适应市场的“水冷”式发动机，再加上福特卓越的管理技术，福特汽车顿时逆转销量走势。正是这些技术人员的努力使福特汽车成为汽车行业的品牌。

正所谓“闻道有先后，术业有专攻”，没有谁能够像超人一样无所不能。只有正确地认识自己，才能有明确的发展方向。一个人如是，一个公司也不例外，“越位”的人生往往让人们抓狂，身心疲惫而沉重。让自己背负“超人”的角色越多，烦恼也就越多，因为你根本无法掌控所有。

把自己当作“超人”，有时候是不懂得把事情分担给别人，一味地自己扛，自己顶，以至于让自己没有休息的时间，内心也被苦累填满。记住，你不是“超人”，应该坦然地承认自己能力有限，从过度紧张的生活中解脱出来，过上松弛有度的生活，拥有简单而安然的幸福。

一位企业家，事业有成，只是身体已濒临崩溃的边缘。于是他不得不停下手上繁忙的工作，找到一位有名的老中医，希望给自己诊治一下，并要求不能耽误太多时间。

老中医在询问完他日常的工作、生活情况后，说：“你的身体没有太大毛病，只要每天有充足的休息时间就会很快康复。”没想到这一句话引来了企业家激动的抗议：“那哪行！我每天要处理公司大大小小的事务，哪有时间多休息呢！”

“为什么？难道没有人可以帮你分担吗？”

“不行呀！很多事情都是相当紧急而且重要的，只有我自己一件一件去处理，才能尽快地采取正确的决策。”企业家不耐烦地说。

“如果是这样，那么你确实需要一个处方来帮助你调理身体。”老中医不容置疑地说。

企业家倍感欣喜，可接过处方来一看，只见上面只写了两行字：每天散步两个小时；每周至少半天的时间去一趟墓地。

对此，企业家非常生气，认为这是对病人的不负责任，他又返回诊室，质问那位老中医，希望可以换取取药的处方。

老中医笑了笑说：“之所以让你去墓地，是希望你能够去看望一下那些与世长辞的人。他们很多人生前也跟你一样，认为自己是超人，以为自己可以解决所有的问题，结果呢？他们现在睡在了黄土下，可地球每天还在运转，人们也不会因为一个人的离去而停止生活。所以，我建议你站在墓地前好好想一想这些摆在眼前的事实。”

这位企业家听完老中医对处方的解读后，恍然大悟。回到公司后，他耐心地跟公司中层领导沟通，惊讶地发现大家其实都有独自处理问题的能力，于是他将很多职责合理地分配下去，他感到了轻松和释然。从此，他获得了心灵上的安宁，不但生活渐趋平缓，身体康复起来，而且事业更加蒸蒸日上。

有很多人都会或多或少地存在这样一种状态：对自身缺乏全面而客观的认识，过分标榜某种能力，随意夸大自身能量，把自己当作“超人”一样凡事都大包大揽。追求“事事通”的结果，往往只能是“事事空”。

因为在设定了纷繁复杂的行动目标的同时，你也会被这烦琐扰乱得毫无头绪，原来简单明了的心变得焦躁不安。找不到最初上路的目标，追求梦想的动力也不复存在。

所以请记住，你不是“超人”，你只是一个普通的凡人。凡事不可过分苛求，放下那些你不能掌控的事情，以平和的心态面对自己的不足，剔除生活中的冗繁，回归简单。你便发现，那些原本找不到头绪的事情会水到渠成。

别动不动就生气

德国学者康德说过："生气是拿别人的错误惩罚自己。"生活中，很多人遇到一点不顺心的事便会火冒三丈，甚至不过问缘由，总觉得任何事情都要按照自己的设想发展，归根结底就是对生活苛求太多。

生活有时候不会在第一时间把事实呈现在我们眼前，我们的双眼有时候也会欺骗我们自己。不经过思考就对现状进行指责，一味苛求事实跟我们的思想保持一致，不允许一点偏离。动不动就生气，不给事实显露的时间，到最后等事情明了，还会为冲动而感到懊悔。

动不动就生气，脾气也变得急躁，只凭借一腔怒火就任意发泄，这是不能控制自己的情绪，心理不成熟，更是不负责任的表现。动不动就生气只能让矛盾更加深化，问题也会更加尖锐，丝毫不会带来任何正面的效应。

一对新婚不久的夫妇，去海边度蜜月，一天，他们到海边游泳，正在他们游得开心的时候，一只鲨鱼向他们这边游来。

夫妇二人拼命向岸边游去，但他们相对于鲨鱼来说游得太慢了。眼看鲨鱼就要咬住女人，正在这时，男人使尽全身力气踢了女人一脚，并在自己的手上咬了一口，鲜血直往外冒。

女人很生气，心想："老公是要让我葬身于此吗？"于是拼命向前游去，也不回头看丈夫。上岸后，男人还在海里被鲨鱼追逐，女人既生气又为丈夫担心，庆幸的是，一艘船经过，赶走鲨鱼，将男人救起。

男人被鲨鱼咬了一口，昏迷不醒，女人想起男人踹自己的一脚，对男人没有一点心疼之意，同时狠狠地将结婚戒指摘下丢到男人身上。

这时一位老人走过来，说："你怎么可以这样？刚才是你丈夫救了你！"女人突然醒悟，男人踹自己的一脚是为了让自己游得更快，同时用鲜血吸引鲨鱼的注意力。

只顾着自己生气，误会了丈夫，女人悔恨不已，抱起受伤的男人痛哭不止。

动不动就生气，往往曲解了事实。我们总是期盼每个人都关心自己，每个环境都适合自己，任何事物都对自己呈现好的一面，苛求顺利。但是，生活往往不是一条直线，过程中有曲折，有弯路，生气只会让自己停留在曲折中，看不到前方的目标。

其实大家都讨厌生气，也不喜欢生自己气的人。生气会带来烦恼和痛苦，过后又会感到懊悔。每个人身体内都有一个天使与一个魔鬼，生气时是魔鬼打败天使，我们被魔鬼控制，抓狂暴躁，不能控制情绪。

只有学会控制自己的脾气，不要动不动就生气，对生活懂得满足与感恩，少一点苛求，遇到不顺的事用理智代替冲动，让自己体内充满天使的善良与乐观，天使才会将幸福与快乐带给你。

古时候有一位妇人，总是动不动就生气。生活中有一点不顺心就大发雷霆，不仅影响到家人还波及周围的邻居。看到大家都躲着自己，惧怕自己，她感到难过和孤独，但她每次就是控制不住自己的脾气，于是她向寺庙的一位高僧寻求帮助。

高僧听了她的烦恼，没有直接回答，而是将她带到一间禅房内，落锁而去。妇人见高僧不仅不帮助自己还如此无礼地对待自己，非常生气，便开始大骂高僧，但骂了很久，高僧也没过来开门。

渐渐地，妇人从痛骂变成了哀求，高僧仍置若罔闻。禅房内终于没有了任何声音，高僧来到门外，对里面的妇人说："你还生气吗？"妇人哀怨地回答说："生气，但不是跟您，我生我自己的气，我干吗到这地方来受这份罪。""跟自己过不去也是在生气。"高僧说完这句话便拂袖而去。

过了几天，高僧又来到禅房门外问妇人："还生气吗？""不生气了。"妇人回答。"为什么？""生气你也不会过来给我开门。""你的气并未消，只是将其压在心中，爆发后会更加剧烈。”高僧又离开了，只留下妇人一人独自在禅房静静地思索。

又过了几天高僧第三次来到门前，妇人告诉他：“我不生气了，因为不值得气。”“还知道值不值得，可见心中还曾权衡过。”高僧笑道。当高僧准备再一次离开时，妇人忙问高僧：“大师，请问什么是气？”

高僧将手中的茶水倾洒于地，之后抓起地上被茶水浸过的泥土放在茶杯里。妇人视之良久，顿悟。说道：“我明白了，气是别人倒掉的赃物，你却要接在心中，毒害自己。气是用别人的过错来惩罚自己的蠢行，何苦要气？”

高僧于是将禅门打开，对妇人说：“你已经放下，现在可以离开了。”

回头想想，以前让我们暴跳如雷的事往往都是一些鸡毛蒜皮的小事，因为生气失去朋友的关心，亲人的呵护，是多么的不值得。对别人生气会深深地伤害对方的内心，而这种伤害往往不是一句道歉就能修复的。

人生是为了感受快乐，修养身心，动不动就生气无疑会将我们曾经积累的快乐彻底粉碎。苛求别人的行为跟自己的思想保持一致，本来就是一种奢望，是自私的表现。生气会让自己的苛求像一把利剑一样，刺痛别人的同时也刺痛自己。

深刻地明白生气是百害而无一利，在生活中多一点包容，懂得给自己时间，给环境时间。人生的路需要慢慢走，它不会因为你的生气而加快速度。若对方真的伤害到自己，也要用“退一步海阔天空”的胸怀来治愈伤害。

不要认为生气是正直、坦率、豪放性格的表现。退一步并不意味着懦弱，反倒是化解矛盾的良策。如果由此冰释前嫌，换得云消雾散，对方也会被你的宽广胸怀感染，要知道快乐是可以传染的，生气只会让每个人“闭门锁户”。

当你在生活上或工作中遇到让自己生气的事情时，不妨读一读这首《不气歌》：“人生就像一场戏，因为有缘才相聚。相扶到老不容易，是否更该去珍惜？为了小事发脾气，回头想想又何必。别人生气我不气，气出病来无人替。我若气死谁如意？况且伤神又费力……”

看淡生活中的不平事

“生活像一团麻，有解不开的小疙瘩……”这是20世纪90年代初期红遍大江南北的电视剧《渴望》的同名主题曲。生活中有很多小疙瘩，想解都解不开。这本是生活的真实面貌，但往往很多人只能接受生活中的美好与顺利，忍受不了生活中的不平事，进而心烦意乱，还要将罪过归于生活。

看不淡生活中的不平事，是对生活的苛求太多，想让生活受自己的思想支配，美好与丑恶全要自己决定，这难道不是愚人痴梦吗？生活本该有精彩也有平淡，有坦途也有荆棘，只有学会生活，懂得生活，才能看淡生活中的不平事。

怀着一颗包容之心，笑看世间的不平事，不过分苛求，心情也会一片宁静。生活中存在不平事已是一种缺陷，为何还要让心为其所累呢？何不用包容、宽恕来弥补缺陷，使生活在另一种层面上达到完美？

晚上，老禅师像往常一样在寺庙的院子里散步，忽然发现墙角有一把椅子，一定是哪个小和尚贪玩，不守寺规，偷偷踩着椅子翻墙出去玩耍。

老禅师将椅子移到一边，就在椅子原来的位置慢慢地蹲下身子。不一会儿，果真传来一阵“咚咚咚”的跑步声音，声音走到老禅师背后的墙外停了一下。一会墙头便出现一人，也许是夜黑没有看清椅子已被老禅师移走，那人踩着老禅师的肩膀下来了。

原来是因贪玩儿偷跑出去的小和尚。小和尚知道自己冒犯了老禅师，于是惊慌失措地低下了头，等待责罚。可老禅师不但没有任何责怪，反而平静地说：“晚上凉，赶紧回去加件衣服。”

至此，再也没有贪玩的小和尚偷跑出去。

生活不是我们想象的那样，四四方方，有棱有角，生活像空气，像水，没有形状，你永远都不知道下一刻生活会变成什么样子。很多突如其来的变故或意外并不受我们思想左右，甚至会让我们的思想也跟着改变。所以我们能做的就是看淡不平事，用尽可能多的精力去享受生活中的美好。

看淡不平事，不但可以将失落转化成快乐，更能感染周遭，净化世界。你若不跟别人计较，别人也会向你学习，你让一步，对方也会退一步，因为每个人都有一颗向善的心，只需要一个契机去开启。

不苛求生活的一帆风顺，享受美好，看淡不平事，你会发现生活中美好所占的比例其实很大，而那些不平事其实并没有我们想象的那么糟，你松开了疙瘩的一头，其他的头也就慢慢松开。

相信大家都听说过“六尺巷”的故事：

清朝宰相张廷玉与叶侍郎两家是只隔一墙的邻居，一次叶侍郎家要整修屋舍便将墙向张廷玉家移过来三尺，家人气不过，立刻修书一封给张廷玉，要求夺回属于自家的住地。

张廷玉接到家信之后，只回了一首诗：“千里家书只为墙，再让三尺有何妨？万里长城今犹在，不见当年秦始皇。”

家人豁然开朗，按照张廷玉交代的后退了三尺，叶家见状非常羞愧，于是也主动后退了三尺，于是成就了遗留到今天的“六尺巷”。

用谦让与包容面对世间的不平事，你会有意外的收获。“一个伟大的人，”卡莱尔说，“以他待小人物的方式，来表达他的伟大！”生活中的不平事，可以磨炼一个人的耐力与胸怀，而这都是成功路上需要的品质。

用微笑融化生活中的不平事，就像弥勒佛的笑，是一种宽容的笑，笑看天下不平事；也是一种讽刺的笑，笑看天下看不透的人。就像《皇帝的新装》里面的皇帝一样，自以为是，以为自己看穿一切，其实早已被天下人看透，遭人耻笑，生活中不乏这样的人。

面对生活中的不平事，可以选择以下三种方法慢慢提高：第一，完善自己，以此获得更多求得公平的机会。很多人在抱怨生活的不平时，其实是自己没有取得公平的能力。第二，降低自己对公平的标准，很多时候，不是生活中的不平多，而是我们的标准太高。第三，不要事事苛求公平，世间没有绝对的公平，因为世界就不是秉承公平创造的，优胜劣汰，适者生存。

当不公平出现时，拥有“退一步海阔天空”的气度，你会看到天的无边，海的无垠。古来成大事之人都因具备“记人之长，忘人之短”的宽容，才在人们心中留下美名。看淡生活中的不平事，莫要让苛求染黑了快乐，你便会拥有看淡之后的神清气爽。

学会睁一眼，闭一眼

世界万物都是双面的，有阴有阳，有光明就有黑暗，有好人就有坏人，碰到的人、遇见的事让你感到不满意是再正常不过的事。学会睁一眼，闭一眼，睁眼看世界的光明，闭眼对世界的黑暗。你便会永远心情舒畅，享受人生带来的快乐。

很多人觉得生活困苦，是因为他们整日将自己置身在生活的阴暗面。睁一眼，闭一眼，是回归简单的为人处世技巧，用自娱自乐的心态去看待周围的人和事，久而久之，你会发现生活其实并没有想象的那么复杂。

睁一只眼，闭一只眼，可以让眼神聚焦。照相的时候、打靶的时候，都需要这种姿态才能看清目标，让精力全部集中到一个点上。用这种姿态看世界，可以聚焦生活中的美好，忽略生活中的丑恶。

以交朋友为例，一个人要想赢得友谊，就要睁一只眼看朋友的优点和长处，闭一只眼看朋友的缺点和过失。相反，你睁开两只眼看对方，一味地苛求对方什么都好，什么都顺你的眼，最终只会失去友谊，没有朋友。

我们追求完美，是因为生活中没有完美。但是追求的事物未必都能实现，或者正因为遥不可及所以才更具诱惑力。所以莫要让完美成为你享受人生的阻碍，苛求只会成为心的负累。睁一眼，闭一眼，心才会更加明亮。

佳佳和小月是同班同学，大学毕业后，恰巧同在一家外企工作。

佳佳做事雷厉风行，什么事都要一板一眼，不允许一点疏忽，因此说话很直，当看到同事工作做得不好时，就会毫不忌讳地指出对方的错误，让对方很是难堪。

小月为人和善，整天面带微笑，跟每一个同事都和和气气，做事慢条斯理，认真负责，看到同事工作上有了失误，小月会很友善地用建议的方式给对方指出，对方每次都对小月感激万分。

试用期满后，公司要提拔二人中的一人为主管，通知二人要好好准备，参加公司安排的竞选。领导提出一题："××是公司的老员工，一直都是业务骨干，成绩突出，就是为人处世能力差，非常骄傲，面对这样的员工，你会选择怎样管理？"

佳佳抢先回答："这样的员工会破坏整个团队的氛围，不能因为一个人丧失掉整个团队的业绩，所以对于这样的员工，我会先正面教育他，告诉他只有和团队保持一致才能有好的发展，否则只能被淘汰。"

领导没有说话，但看到佳佳那毫不示弱的样子，有点无奈，转身看了看小月，问道："小月，说说你的想法。"

小月平静而悠缓地说："这样的员工，身上蕴藏着非常巨大的能量，可以给团队带来非常大的作用，虽然为人处世能力不太好，但每个人都不是完美的，团队并不要求每个人都是各方面的强者，而是各方面能力的人才都具备，是一个整体，所以我觉得对待员工就要睁一眼，闭一眼，睁眼看到优点，闭眼面对缺点，包容他，我相信他也会感觉到我的真诚，终有一天会对我微笑。"

领导听了小月一番话，很是感动，团队就需要这样的领导来管理，小月是最佳的主管人选。

睁一眼看朋友，是一种谦虚的处世之道，选择对方的长处来学习，提高自己，永远看到美好的景物，心灵也会得以净化和升华。同时闭一眼看朋友，更是对朋友的包容，将对方的不足寄托在未来，因为每个人一生都在成长和改变，今天的缺点不代表是永恒的缺点，但朋友是可以交一辈子的。

生活中别人冒犯了你，或做了对不起你的事，如果他已经认识到，你不妨睁一眼，闭一眼，让昨天的矛盾与冲突随着岁月而消磨掉。这不是无缘无故地宽恕和放纵，而是一种风度，同时，对方也会被你的胸襟和大度所折服。

每个人的一生都是不断经受挫折，在挫折中不断认知自己，不断从幼稚走向成熟，缺点变为优点的过程。我们完全没有必要睁大两只眼睛将别人的过去洞察得一清二楚，你只要认为对方是一个真诚的人，或是对你很真诚的人，即使他有某些与你格格不入的性格，你也不必大加追究。

睁一眼，闭一眼，不苛求生活的完美，不抱怨世间的不公。睁一眼，看世间的美好，闭一眼，给自己时间，接受黑暗。若你想将世界看个透，世界就会将事实折射入你的瞳孔里，看到一味苛求别人而变得丑陋的自己。所以莫要让苛求染黑了快乐，睁一眼，闭一眼，多给心灵一抹清亮之色。

第七章
偏执，绊住了梦想

盲目的坚持是偏执

梦想需要坚持才能得以实现，但太过坚持就是偏执，就会成为束缚，绊住梦想，阻止其继续向前发展。偏执往往是对错误的盲目坚持，不听人劝阻，将人生打成死结，别人进不来，自己也出不去，困在里面，伤害自己。

从前有一个人，害怕自己的影子，厌恶自己有脚印。于是他奋力奔跑，不想看到自己的脚印，想甩掉自己的影子。他跑得越远，脚印越多，但跑得再快，影子也能追上他。于是他不得不继续加快速度，永不停止，最后终于力绝而死。

偏执的人不知道变通，也很难听取别人的建议，盲目地坚持自己，他们是自我的独裁者、压迫者和限制者。假如偏执型的人不努力改变自己的性格，他们一定会给自己的生活带来不良后果。

偏执的人往往容易走极端，认为别人的一切建议都是在伤害自己，内心被焦虑和紧张充斥。盲目地相信自己做的事，即使错误也要坚持到底。就像上面故事中的人一样，当他的坚持开始转为偏执，就开始将自己推上一条不归路。

偏执的人不给自己改过的机会，因为他们不相信别人的建议，认为低头就是认输，殊不知盲目的坚持就是南辕北辙。只有方向正确才是成功的密钥，而偏执是在方向错了之后，还坚持下去，一错再错。

从前在一片森林里，住着一只两头鸟，名叫“共命”。

这鸟的两个头“相依为命”，凡事都要经过一番讨论才行事，对待食物、住所、行动二人都先考虑对方的感受，尽可能地迁就对方，让对方感到快乐。

有一天，一个“头”不知为何对另一个“头”产生了很大误会，造成谁也不理谁的仇视局面。

其中有一个“头”，觉得二人名为“共命”，就要包容对方，这样才能共同生存下去，于是想尽办法和好，希望还如从前一样快乐地相处。但另一个“头”根本不理睬，将对方曾经做过的错事全部回想一遍，越想越恨，越恨越生气，慢慢地到了偏执的地步。

偏执的“头”开始抱怨另一个“头”总是挑选自己喜欢吃的食物，而不考虑自己。另一个“头”听了很伤心，觉得曾经那么的“共命”，今天怎么就变成这个样子？但是仍竭尽全力去照顾对方，让它不至于很生气。

偏执的“头”要去用毒草毒死对方才可消除心中怒气，善良的“头”劝对方需要多吃些健康的食物，因为长久的偏执已让它非常虚弱。

最后，善良的“头”不忍心看对方因为偏执折磨自己，于是那只两头鸟都因吃了过多有毒的食物而死去了。

在和别人发生矛盾时放人一马，这是你在为自己心灵的快乐开路。偏执者最突出的一个特征就是拒绝外部、坚持自我。对别人的错误不宽恕，一点过失就全盘否定；对自己的错误盲目地自信，害己害人。

在德语中，人们将偏执的人称作“硬脖子的人”，意思是这种人处于僵硬不能动的状态。试想一下，假如人的关节僵硬了，便不能顺利行走，而当人的心灵僵硬了，便不会感受到生活的快乐，因为僵硬的心不能聆听世界。

所以我们应尽可能避免深陷偏执，不要盲目地坚持自己的观点，即使你当时感觉是正确的，也要多听听大家的意见。对自己和周围世界要保持最大程度的宽容，只有内心是开放和包容的，才能接纳不同的观念和事物，才能充实自己的头脑，不断成长，让自己变得成熟，更有承载幸福与宁静的能量。

下面几条方法也许有助于偏执者改变观点：

1. 多观察，用心发现事实，作为支持自己改变的论据；

2. 真诚地去了解与你不同立场不同背景的人的想法，以避免自己的井底之见；

3. 经常提醒自己不要陷于“敌对心理”的旋涡中；

4. 要懂得只有尊重别人，才能得到别人尊重的基本道理；

5. 要在生活中学会忍让和有耐心，让时间来检验一切。

偏执是人生的峭壁，如果在峭壁上行走，很容易发生可怕的事故。远离人生的峭壁，回归人生正确的方向，以通达的心理去接受新的事物、新的观念，你才能获得成功的密钥，找到属于自己的幸福天堂。

太过执着就等于失去

执着是我们实现梦想到达目标必不可少的精神，它是督促我们成功的一股内在自发力，可以避免我们被中途遇到的挫折击退。但是，当前进的方向出现偏差或者目标不准确时，太过执着未必就是好事情，因为这意味着失去调整和改进的机会。

太过执着是一种偏执，一味地相信自己的判断力，听不进任何金玉良言，这是一种盲目更是一种愚蠢。要知道方向正确才是成功的密钥，执着只有在这个基础上才能发挥它的作用。当发现目标不符合实际，与其在那里苦苦挣扎，蹉跎岁月，还不如及早放下，否则只会让自己体会到更多的痛苦和失落。

有一家公司需要招聘一名高级业务代表，所谓高级，就是能够灵活处理业务中遇到的困难，保证业务的顺利进行。招聘很严格，到最后只剩下乔丽和贝拉两名应聘者，为了从中选择出一位最佳人选，公司决定在不同时间段分别对她们进行考核。

第二天，乔丽来到主考官面前，准备接受最后一轮的挑战，然而主考官并没有让她回答任何问题，只是递给她一把钥匙，随手指了一间小屋让她去那里拿只茶杯来。

心思缜密的乔丽禁不住思考起来：主考官这是要考察我什么呢？可能是执行能力又或者是沟通能力。当乔丽来到那间小屋跟前，怎么也打不开门，乔丽心里开始琢磨："难道钥匙是错的？不可能啊，主考官手指的就是这间，我不相信我打不开它。"乔丽使尽全力拧动钥匙，结果钥匙断在锁孔里都没有打开门。

难以置信，明明是这间屋的钥匙为什么就是打不开呢？于是，乔丽就问主考官："请问，是这把钥匙吗？"主考官抬头看了一下乔丽答道："是，打开屋子，取出茶杯的钥匙。"乔丽很为难地说："门打不开，我也不渴……"

主考官打断了她的话："那好吧，你可以回去等通知了。"

第三天贝拉来到主考官面前，同样的，主考官也递给她一把钥匙，并指了指同样的小屋，让她取一只茶杯出来。贝拉同样也没有打开门，就在她纳闷的时候，发现隔壁一间小屋里有一只茶杯，她就想着："主考官并没有告诉我钥匙就是这间屋的，既然这把钥匙是可以打开有茶杯的小屋，那么应是隔壁这一间吧！"于是她抱着试试看的心态，竟然真的打开了那间小屋，取出了茶杯。

主考官很高兴，接过茶杯为贝拉倒了一杯水，并对她说："喝杯水，然后签个协议，祝贺你，你被录用了。"

太过执着让乔丽不能冷静地分析现状，最终失去了机会。太过执着会让人变得盲目，不懂得变通，因为当一个人被偏执填满心灵，也就容不下其他任何的方式与方法。太过执着让人变得焦躁不安，看不清自己原本的方向。

生活中很多人因为过于执着失去了大好的机会，甚至有人在已经失败的时候还不肯醒悟，还不肯放弃错误的执着。这样不仅让自己错过很多更好的机会，还使自己深陷顽固铸就的痛苦之中。

在大西洋中有一种鱼,长得极为漂亮,银肤燕尾大眼睛,深受捕鱼者的垂涎,但因为平时都生活在深海之中,所以不易被人捉到。慢慢地渔民发现它们会在春夏之交逆流产卵,这时候会顺着海潮漂流到浅海。

渔民们试验了很多捕捞的方法,发现这种鱼的"个性"极为要强,不爱转弯,于是他们便用一个孔目粗疏的竹帘,下端系上铁,放入水中,由两个小艇托着,然后就发现这种鱼即便是闯入罗网之中也不会停止向前游。

所以,一只只鱼"前赴后继"地陷入竹帘孔中,帘孔随之也会紧缩。竹帘缩得愈紧,它们就愈激怒,会更加拼命地往前冲。结果却被牢牢地卡死,最终成群结队地被渔民轻易地捕获。

不爱转弯也是过于执着的表现。当遭遇危险时,不懂得及时调整自己,只会让我们离危险更近。过于执着有时候也会让我们白白浪费时间与精力,我们执着于名利,执着于幻想的美,执着于一份痛苦的爱,执着于不切实际的空想……等到光阴逝去之后,才会哀伤地去蹉叹人生的无为与空虚。

我们常常会这样自勉:"我一定要成为某方面的专家","我一定要在某个领域内做出最大的成就",但当发现目标不是心中所想之时,就要大胆地放弃,过于执着只会成为我们的一种负担,会羁绊我们实现理想。

人生苦短,韶华易逝。不要再执着于那些徒劳无功的幻想,那将意味着我们会同时失去很多更好的机会,真真切切、实实在在的才是幸福。贯穿人一生的目标是快乐,如果客观条件不允许,与其蹉跎岁月,还不如干脆放下。选择那些触手可及的快乐,或许人生的局面就会在瞬间打开。

没有一艘船可以永不调整航向

没有一艘船可以永不调整航向就能到达目的地,任何事物的发展都不是一条直线。无论是直线还是曲线,都是到达目标的方式,聪明人能看到直中之曲和曲中之直，并不失时机地把握事物迂回发展的规律，通过迂回应变，达到既定的目标。

行走在时间路上的人也就像行驶在汪洋里的船，航线是单行的并且不会一直畅通无阻。当遭遇风浪时，只有通过调整自己的航向，才能躲避沉船的风险，若只有一股向前的闯劲只会让我们头破血流。

不是所有的努力都能换来成功，不是所有的执着都能到达目标，这个世界上有太多的客观因素限制了我们的能力施展，只有学会适时调整自己的角度，绕开那些“费力不讨好”的困难，才能保证我们能够顺利到达目标，而且还有可能缩短到达的时间。

船调整航向是为了保证方向的准确，我们懂得迂回和转弯的道理也同样如此，因为方向正确才是成功的密钥。偏执会导致方向的片面性，一错再错。执着是在保证方向正确的前提下才能成就梦想，但转化为偏执就会绊住梦想。

顺治元年（公元1644年），清王朝迁都北京以后，摄政王多尔衮便着手进行武力统一全国的战略部署。当时的军事形势是：农民军李自成部和张献忠部共有兵力四十余万，刚建立起来的南明弘光政权，汇集江淮以南各部兵力，也不下五十万人，并雄踞长江天险，而清军不过二十万人。

如果在辽阔的中原腹地同诸多对手作战，清军兵力明显不足。况且迁都之初，人心不稳，弄不好会造成顾此失彼的局面。

多尔衮审时度势，机智灵活地采取了以迂为直的策略，先以怀柔政策拉拢南明政权，集中力量打击农民军。南明当局果然放松了对清的警惕，不但不再抵抗清兵，反而派使臣携带大量金银财物，到北京与清廷谈判，向清求和。这样一来，多尔衮在政治上、军事上都取得了主动地位。

顺治元年七月，多尔衮对农民军的打击取得了很大进展，后方亦趋稳固。此时，多尔衮认为最后消灭明朝的时机已经到来，于是，发起了对南明的进攻。当清军在南方的高压政策受阻时，多尔衮又以迂为直，派明朝降将、汉人大学士洪承畴招抚江南。

顺治五年,多尔衮以他的谋略和气魄,基本上完成了清朝在全国的统治。

以迂为直,转变航向,换个角度看困难。特别是在与强劲的对手交锋时,迂回的手段高明、精到与否,往往是能否在较短的时间内由被动转为主动的关键。就像多尔衮一样,用迂回的手段,不跟对手硬拼,最后各个击破,完成了统一。

在获得成功的道路上,有无数的坎坷与障碍,需要我们去跨越、去征服。人们习惯走的路有两条:一条路是找出对手的弱点,并给予致命的一击,用最直接的方法,快速解决问题。另一条路是懂得放弃,不跟对方硬拼,全面增强自身实力,在人格上、知识上、智慧上、实力上使自己加倍地成长,变得更加成熟、更加强大,从而在策略上战胜对方。

美国著名企业家李·艾柯卡在担任克莱斯勒汽车公司总裁时,为了争取到10亿美元的国家贷款以解公司之困,就采用了迂回包抄的方法。

一方面,他向政府提出了一个现实的问题:如果克莱斯勒公司破产,将有60万左右的人失业,第一年政府要为这些人支出27亿美元的失业保险金和社会福利开销,政府到底是愿意支出这27亿美元,还是愿意借出极有可能收回的10亿美元贷款呢?另一方面,对那些可能投反对票的国会议员们,艾柯卡吩咐手下为每个议员开列一份清单,清单上列出该议员所在选区所有同克莱斯勒有经济往来的代销商、供应商的名字,并附有一份万一克莱斯勒公司倒闭,对其选区的经济造成的后果的分析报告,以此暗示议员们,若他们投反对票,因克莱斯勒公司倒闭而失业的选民将怨恨他们,由此也将危及他们的议员地位。

这一招果然很灵,一些原先强烈反对给克莱斯勒公司提供贷款的议员们闭了嘴。最后,国会通过了由政府支持克莱斯勒公司15亿美元的提案,比克莱斯勒公司原来要求的多了5亿美元。

李·艾柯卡在适当的时候懂得调整自己的航向,最终达到目的。有一则脑筋急转弯这么说:“一个人要进屋子,但那扇门怎么拉也拉不开,为什么?”回答是:“因为那扇门是要推着开的。”可见,目的可以只有一个,但达成目的的方法却可以有两种或两种以上。

在一些暂时没有办法解决的事情面前,我们应该学着变通,不钻牛角尖。有更好的机会就赶快抓住,不能一条路走到黑,生活不是一成不变的,有时候我们一转身发现:我们身后也藏着机遇。

人生从来都不是一帆风顺的,总是会遇到各种各样的问题,如事业遇到瓶颈,爱情遇到危机,人生陷入低谷……一个念头的转变就有可能会影响一个人的一生。这也是为什么有些人在遭遇背叛以后选择了两败俱伤,有些人则选择了重新开始的原因。

没有一艘船永远都不转换航向,要知道航行的目的是完成任务和享受沿途的美景。不懂得适时调整航向,只会让自己在克服不了的困难面前心灰意冷,坚持有的时候也会变成害了自己的武器。

坦然接受无法改变的现实

理想很丰满,现实很骨感。完美的理想可以增强我们前进的动力,但理想是我们为自己编织的完美无缺的梦,终究有醒来的那一天。我们可以随意变幻梦境,但对现实却不能如此。现实由很多因素决定,我们人为的改变只是其中的一种。

当我们的人生出现意外时,人生轨迹就会出现偏差,这时候若我们无法扭转局面,只会让自己陷入更大的烦恼中。所以我们只能将坚持换做坦然接受,才能笑看人生。这并不等于逆来顺受,而是以一种顺其自然的心态,很客观地分析现存状况,为以后的人生储备经验和教训。

人生不会事事顺心、处处如意,这当中很多无法改变的现实是对我们的磨炼，磨炼我们的胸怀，磨炼我们的承受力。无法改变的现实带来的是更多的痛苦，但只有经历过痛苦的人对快乐的感受才会更深，也会更加珍惜快乐。

若不能坦然接受无法改变的现实而整日怨天尤人，就根本顾忌不到其他的快乐，理想和兴趣也就无从谈起。因此，无论是在生活还是在工作中，只要尽了自己的全部努力，就应该对自己表示满意，并尽量享受其中的乐趣，要知道这才是我们生活的真谛。

已故的美国小说家塔金顿常说："我可以忍受一切变故，除了失明，我绝不能忍受失明。"

可是，在他60岁时候，不幸却发生了。他发现自己的双眼越来越模糊，去医院检查，医生无奈地对他说："你的未来可能会和黑暗相伴了。"

塔金顿最不能忍受的事终于发生了，他把自己关在房间里几天，彻夜反思，他不敢面对失去光明的日子。最后塔金顿面带微笑地走出来，对大家说："我现在已经完全接受了这个事实，也可以面对任何状况了。"接下来他更加积极地配合医生进行治疗。

为了恢复视力，塔金顿在一年内得接受十二次以上的手术，而且只是采取局部麻醉。他放弃了私人病房，住在大众病房，并且幽默地逗病友们开心，以助他们康复。他经常说："我们多么幸运，能感受这么精细的手术，这亲身体验高科技的机会真是难能可贵啊！"

就是这份坦然面对苦难的生活方式，让他对生活有更深的感悟，为创作出不朽的著作提供丰富的精神给养。

一位名人曾经说过："有所作为是生活的最高境界，而抱怨则是无所作为，是逃避责任，是放弃义务，是自甘沉沦。"不论我们遭遇什么样的处境，如果只是喋喋不休地怨天尤人，那么注定于事无补，反而会把事情弄得更加糟糕，相信这也绝不是我们的初衷。

你改变不了过去，但你可以改变现在；你改变不了世界，但可以改变自己。这个世界，不会尽如人意，有时难免会让我们失望。对改变不了的事实一味地偏执只会让我们失去前行的动力，模糊梦想的方向。

一个一辈子都不曾幸福过的老人终于去世了，他来到上帝的面前，很哀怨地问上帝：“上帝，我做错了什么，你要让我这一生都被残疾困扰？”

听到老人的质问，上帝没有说话，而是从身后拿出了一面镜子递给他。老人接了过来，看到镜子里出现了这样的场景：

疾病魔王正在飞翔，不断寻找下手的目标。突然，他看见了一个小孩子，于是准备施展魔法夺走他的健康。这时，健康女神拦在病魔的面前，厉声道：“住手！多么天真多么可爱的孩子，他做错了什么，你要选择他下手？”

疾病魔王冷笑了一声，对健康女神说：“他什么都没有做错，只因这是我的使命，我的责任就是把美丽变成丑陋，把聪明变成愚钝。”

健康女神愤怒了，大声喊道：“那你为什么不选择其他人？那些犯过错的、品性恶劣的人难道不该受到惩罚吗？”

疾病魔王说：“你知道吗，其实在我的宫殿里有一个玻璃容器，里面装着无数只小球，小球上写着世界上所有活着的人的名字。每天出门之前，我都要随手从容器里抓取一把小球，小球上的名字就是我要袭击的人。”

“哎，”健康女神说，“可怜的不幸的人们啊！”说完，她悲伤地离去了。看到女神离开，魔王朝男孩飞了过去。从此，这个男孩拄着拐杖走在风雨里，一直到老……

看完这些，老人叹道：“原来我的残疾是早就注定了的，我真后悔我这一生都在因为残疾而愤愤不平，哀怨和抱怨，我只要接受这个不能改变的事实，就可以享受到更多的快乐和幸福。”

苦难往往是由许许多多的过错造成的，也许诱因并不在于我们自身，可是我们所生活的时空是一体的，所有的生命都遵从着一样的章法，我们面对苦难时，不肯接受事实只会让痛苦加深。

生活不会因为苦难而停滞下来，丝毫不会为某个人驻足。不如坦然接受无法改变的事实，肯定过去，用充沛的精力去领略现在的美好。

“当代孔子”南怀瑾老师曾说：“英雄征服天下，圣人征服自己。”英雄靠征服天下来改变自己的命运，这是靠习惯的力量抓住命运，但往往会付出巨大的代价。圣人靠征服自己来改变命运，即使最初与命运擦肩而过，但改变了自己，会从另一面看到命运微笑的脸庞。

面对现实，努力争取转机是必须的，但当我们发现情势已不能挽回，就不要再偏执下去，做徒劳无益的努力。要学会用豁达的心态去接受不可避免的事实，只有这样，才能在人生的道路上掌握好平衡，走好脚下的路。

固执，有时是成功的绊脚石

我们习惯把一意孤行，坚持错误的理念称之为固执。固执的人听不进别人的箴言，只相信自己的双眼所见，双耳所闻。但这个世界是由很多东西交纵缠绕在一起的，自己的亲身感受不一定就是事实，当固执发展为偏执，就变成了成功的绊脚石。

世界是变化的，人类只有灵活多变才能适应并生存下去。放下固执，懂得变通是一种人生智慧，更是一种人生境界。不以名利划分阶层，虚心接受别人的建议，时刻进行自我反省，只有做到如此，才能成就一番伟业。

但生活中常常会出现这样的人——一直纠结于一个问题死不放手，整天把自己弄得像个陀螺一样团团乱转，却终究一事无成，还把自己的生活弄得一团糟……他们肯努力，肯付出，思维也很敏捷，但就是因为固执，这些优点就都不能爆发出本有的能量。

通常来说，固执分两种：一种是还未认识到自己不对；另一种则是明知自己不对，但是拒不认错。前者造成的失误或者失败情有可原，但如果是后者，我们就不能继续欺骗自己和别人，要勇敢地面对过失，改正我们的过去，亡羊补牢，为时不晚。

只有将固执转变为执着，沿着正确的方向，不达目的绝不松懈，身上其他的优点才能推动你更快更稳健地到达目标。固执与执着的区别就在于方向是否正确，当你被固执锁定，成功也就变成天方夜谭了。

愚公移山是一个家喻户晓、妇孺皆知的故事。

愚公为了出入方便，便带领全家老老少少准备将太行和王屋两座大山移开。这二者方圆七百里，高达几万尺。有个智叟笑话他傻，但他不听劝阻，不论酷热的夏天，还是寒冷的冬天，每天起早贪黑挖山不止，还坚定地说："我如果挖不完，便叫我的儿子，我儿子的儿子继续挖，子子孙孙，一直挖下去，无穷无尽。但山是不会增长的，所以总有一天这两座山会被我们移走。"

故事的结尾说愚公移山的诚意为天帝所感动，派遣两名神仙到人间去把这两座大山搬走了。

愚公那种不畏艰险的品质固然可敬，但是，他的做法却正如智叟所说的是愚不可及。因为固执，他没有精力和时间去享受人生的美好；因为固执，他可能还会葬送儿子以及后代的幸福人生。

有人作诗评价愚公移山："常佩愚公志不还，却疑所持过弥坚。门前只待通渠壑，何故偏移两座山？"有人说人类的存在就是为了弥补世界的缺陷，是用智慧用头脑改变世界，而不是用蛮力与世界做无谓的斗争。

愚公最后的成功是因为得到了神仙的帮助，这只存在于传说之中。在现实生活中，我们能依靠的只有自己，面对一些无望的事，我们要学会放弃，不能存侥幸心理，只有放下才能让心灵得到放松，让梦想继续飞翔。

阿牛和大志是邻居，他们经常一起到山里干活贴补家用。

有一天，他们又一起去山里干活，却意外地发现了两大包棉花，他们欣喜万分，如果将这两包棉花卖掉，足以供家人几个月的衣食。当下两人各自背了一包棉花，赶路回家。

走着走着,又发现山路上扔着一大捆布,走近细看,竟是上等的细麻布,足足有十多匹。这要卖掉足可以供养家里一年的衣食。大志赶紧放下棉花,也建议阿牛一起换成布匹背回家,谁知阿牛却摇摇头,说:“我已经背着棉花走了一大段路,到了这里如果丢下棉花,岂不枉费自己之前的辛苦。”

既然阿牛坚持不肯放下棉花,大志只得一个人尽力背起麻布,继续前进。

又走了一段路后,二人又看见林中闪闪发光,走近一看,地上竟然散落着数坛黄金,大志欢喜跳跃,心想这足以让一家人搬到城里去生活,赶紧放下麻布,改用挑柴的扁担挑黄金。

此时的阿牛仍然不愿丢下棉花,还对正在收拾黄金的大志嘲讽道:“你现在又要麻布改换黄金,之前的辛苦岂不是白费?况且这黄金是真是假,尚不得知,我劝你也不要枉费力气,免得到头来一场空欢喜。”

大志见状,只得叹息着摇了摇头,自己挑了两坛黄金,和阿牛继续赶路。谁曾想还未走到山下,突然下起了大雨,两人被淋了个湿透。更不幸的是,阿牛背着的大包棉花,吸饱了雨水,再也背不起来了,即使背回去也要发霉。

不得已,阿牛只能丢下曾经不肯放弃的棉花,两手空空地和大志回家去了。

一个机智的人可以灵活运用一切他所知的事物,在恰当的时间内把应做的事情处理好,这不只是机智,更可称之为一门艺术。一成不变的固守,顽固的坚持,只会伤害到自己。世界是多变的,在坚持自我的前提下,用变化的方法应对变化,懂得变通,才能更好地生存下去。

现实生活中“傻人有傻福”这句话,更多的是一句善意的安慰、一种自欺的借口。人们更赏识的是“识时务者为俊杰”。过分的执着就是固执,固执会绊住梦想。在你无能为力的时候,就要学会放弃固执,变通行事。墨守成规,固执已见,只会让你的雄心壮志、你的坚强毅力付诸东流。

放弃也是一种美丽

有一把伞，撑了很久，雨停了也不肯收；有一束花，闻了很久，枯萎了也不舍得丢。执着，是不悟。人类是感情复杂和丰富的物种，当某些东西走过我们的心灵时，就不再想让它离开，尤其是美好的东西。

我们强烈地想要拥有，占有欲是与生俱来的，但过来人都会发现：有时候放弃才能发现美丽，缺陷也是一种美。因为有爱，才有期待，纵然失望，也会拥有幸福。放弃不属于自己的美好，只做一个观望者，在远处静静欣赏它的美丽。

例如爱情，总在失眠时，才知道那种感觉是相思；总在梦醒后，才发现那种缘分是永恒；总在分手后，才看得见那种目光是眷恋。放弃也是一种美丽，纵然带着伤痛，但成全彼此后拥有的快乐也是值得的。

放弃是一种智慧："明者远见于未萌，智者避危与未形。"只有学会放弃，才能在危险尚未出现时，就远离它，让自己处于安全境地。当一切尘埃落定，当一切归于平静，豁然发现放弃也是一种美丽的收获。

有位男士饱受前女友的折磨，恐吓的短信与电话接连不止，不只是他，包括他的家人、朋友，甚至公司的同事都收到类似的信息，覆盖范围简直到了"诛九族"的地步。

男士没有办法，前女友的行为已打扰到自己正常的生活，困苦不堪，于是决定找她当面谈清楚，为何要如此对待自己。

男士找到前女友的住所，赫然发现她早已有了新的伴侣，并且非常甜蜜，而前女友却愤恨地说："我现在的幸福是我努力争取才得到的，但一想到你对我的伤害，我就想报复你，难道这样我好受吗？正是因为我不能从过去失败的阴影中走出来，才这样痛苦……"

有时候不敢放弃,一味地偏执,只会害人害己。强硬地将不属于自己的幸福握在手中,剥夺别人幸福的权利,别人就不会冲你微笑,你会发现手中原来的幸福也已经变质成痛苦,最终两败俱伤。

当幸福远离时,请大胆地放弃,即使不能拥有,能够在远处观望到美丽,何尝不是幸福呢?在放弃中认识自己,生活中没有什么是不能割舍的,继续鼓足勇气去拥抱未来的幸福,这才是生活要教会我们的意义。

一家大型公司招收新职员的时候出了这样一道测试题:

假如你开着一辆车,在一个暴风骤雨的夜晚,经过一个公交站。发现有三个人在等车,一个医生,曾经救过你的性命,是你的恩人,正要赶往医院参加一个非常紧急的手术;一个奄奄一息的老人,只有立刻送到医院才能挽救性命;一个漂亮的女孩,是你做梦都想娶的那种女孩,错过了就再也遇不见。

你的车只能载一个人上路,你会如何选择?并解释理由。

很多人给出了不同的答案,你在这时候也可以仔细考虑一下。

……

每个人都有你救的理由,老人、救命恩人、心动的女孩,你该如何权衡。

在200个应征者当中,只有一个人被雇用了,他并没有解释自己的理由,只是在纸上写下了以下的话:把车钥匙给医生,让他把老人送到医院,我和让我心动的女孩一起等车。

固守我们已经拥有的已经成为一种惯性思维,但这些往往会阻碍我们获得更多的美好,不肯放弃让我们没有精力去体验未来的人生,获得意外的美丽。同样,有时候强求只会让自己身心疲惫不堪,很多东西都是“只可远观而不可亵玩焉”,放弃才能发现所谓的美丽。

放弃不代表失去,不是在你怀里,在你的手心里也是拥有,很多东西你会发现用眼睛欣赏比握在手里更加美丽。有时候放弃是最明智的选择,因为有一句话叫“得不到的永远是最好的。”

逃避,不一定躲得过;面对,不一定最难过;得到,不一定能长久;失去,不一定不再拥有。可能因为某个理由你会伤心难过，但你一定能找出成千上万个理由让自己快乐，不要在乎一时的失去，也不要在乎一个理由的失去，看看你所拥有的，已经很多，那些让自己烦恼的就放弃吧，成就美丽的景色，也很好！

换个思维，你的收获并不少

一位高僧染了重病，即将离世，他想要从七位弟子中选出一位方丈，继承自己的衣钵。但七个弟子都很优秀，高僧一时不知道选择谁更加合适。

高僧心想："方丈是要协调整个寺院的工作，这只有乐观的心态才能将工作持续进行下去。懂得从不同的角度去看待生活，发现生活的美好才能不被困难吓倒。"他转头看到门外正是大雨瓢泼，于是他便对七个徒弟说："你们现在就去对面的山上砍柴，谁砍得好，我就选谁做这个寺院下一任的方丈。"

弟子们虽然看到外面下着大雨，但还是听从师傅的吩咐，拿着柴刀出了寺门。到对面山上必须经过一条大河，却发现河水因为下雨正在暴涨，附近也找不到一条船。

无奈，弟子们只好垂头丧气地回到庙里。高僧平静地看着这些弟子，希望有人可以给自己一个惊喜。但所有人都是空手而归，这使得高僧非常失望。就在高僧准备打发他们出去时，最小的弟子慧悟从衣襟里掏出几个熟透的果子，对高僧说："师傅，雨太大了，去不了对面山上，我看岸边果树上的果子不错，摘了几个给师父吃。"

高僧点点头，语重心长地对众弟子说："慧悟能够在困境中懂得转换思维，发现生活中的另一层收获，这才是生活的意义。生活并不是有章可循，而是随时变化的，只有懂得收获是福的道理，才能时刻保持乐观积极的心态，这对自己、对他人都是最重要的。从今天起，慧悟就是这个寺院的方丈。”

什么样的人是高僧眼中的接班人？是完全遵照高僧指示、辛辛苦苦寻找道路过河的人，还是不强求，懂得惜福的人？佛家讲究缘法和自然，后者自然成了高僧欣赏的对象。慧悟小小年纪，并没有受过特别的点化，只因心中没有杂念，看到果子，想要重病的师父吃上几个，这个举动和高僧的吩咐全然无关，却让他成了方丈。

故事中的高僧也同样有收获，通过测验，他找到了新的方丈，卸下了自己的重担，能够安详地度过最后的时光，高僧的收获并不比慧悟少。其他和尚呢？虽然没有当上方丈，怎知他们没有成就？他们没有方丈的琐事，能够安心诵经礼佛，比起慧悟，他们更容易成为一代高僧，只要换个思维，哪一种收获都是收获，哪一种收获都不少。

偏执让我们只能看到人生中的失败和失去，其实失败与失去本身并不能带来痛苦和烦恼，但因为偏执，人们只能看到一种结果，走进自己设定的极端里。人生是一段饱满的旅程，失去与收获都应该是旅程当中不可或缺的片段。

在一座山坳里，有一个很大的葡萄园，由一个老人和他的三个儿子经营。这个葡萄园每年都会结很多饱满的大葡萄，给这个家庭带来很多财富。但随着老人的体力衰退，三个儿子非常懒惰，葡萄园慢慢荒废了。

在老人垂危之际，他将三个儿子叫到床前，对他们说：“我之前攒了很多宝物，埋在葡萄园里，以备不时之需，现在也用不着了，等我走后你们把它们挖出来吧。”

老人走后，三个儿子伤心不已。处理完父亲的后事，兄弟三人便来到葡萄园，挖的挖，刨的刨，将葡萄园的地全部翻整了一遍，但没发现任何宝物，兄弟三人顿时失望不已，觉得父亲在欺骗他们。

曾经荒废的葡萄园已被翻整，那么何不再种上葡萄苗呢？兄弟三人不约而同有了一致的想法。于是重新振奋起来开始栽种葡萄苗，这年的葡萄获得了大丰收。紫红色的葡萄，串串晶莹，像钻石般散发着闪耀的光芒。三兄弟在葡萄园中相互拥抱着，喜悦着。

虽然他们没有找到意外之财，而葡萄园却给了他们应得的奖赏。葡萄收获后，三兄弟将葡萄运到城里去卖，剩下的则酿制成葡萄酒，赚了很大一笔钱。

“虽然没有找到珍宝，但我们把园子的土深耕了总是对的！”老大开心地说。

老二说：“现在我总算弄明白了老父亲的用心！其实就是要我们辛勤劳动，将来的收获会是无穷的，财富滚滚而来，这比珍宝强多了。”

老三感慨地说：“你们回想一下，那满园的紫色葡萄不正像钻石般闪亮、美丽吗？”

换个思维，每次付出之后都能看到收获。一次真诚的付出一定会有相应的回报，虽然有时候不是我们所设想的，但经验与教训不正是下一次收获的积累吗？人生的意义在于收获快乐与幸福，成功也好，失败也罢，都取决于我们思维方式的不同。

《后汉书》中有这样一句话：“失之东隅，收之桑榆。”说的是失去从另一个角度来看也是一种收获，这是一种积极乐观的心态。只要我们还活着人生就没有终点，也就不存在彻底的失败。换一个角度，生活中处处都有收获。就像故事里摘果子的小和尚，只有他，能够在一次失败的砍柴经历中发现甘甜的果子。

第八章
抱怨，一剂慢性心灵毒药

抱怨等于往自己的鞋里倒水

抱怨是什么？抱怨就像烟头烫破气球一样，让别人和自己都泄气。抱怨是对生活的不满，心理的不平衡，总觉得生活中没有如意的事让自己开心，世界所有的一切都跟自己作对。宽容地说，抱怨是人之常情，正所谓"居长安，大不易"。

然而把抱怨当作一种习惯实在是不可取的事，因为抱怨等于往自己的鞋里倒水，让你的脚处在一个非常难受的境地，脚不舒服，前进的脚步自然受到阻碍。抱怨是危害心灵健康的一剂慢性毒药，久而久之，就会吞噬你的乐观和积极。

抱怨的人认为自己是强者，只是社会太不公平，这就如同说全世界的人都合伙破坏他的成功。抱怨的人以为自己经历了世上最大的困难，却不知道听他抱怨的人也经历过这些，但是感受不同。

一匹在田间拉车耕地的老马，总认为自己生不逢时，只要看到同类就抱怨自己没有赶上好时代，没有遇见伯乐发现自己，成为马界中的明星。因为老马觉得自己是那么的优秀，皮毛那么的有光泽，肌肉那么的健硕。

战马说："那你就跟我一起驰骋沙场吧，战场是最能成就马的地方，将自己置身在千军万马之中，你会感觉豪气万千，快意人生。"

老马赶紧摇摇头，说："那太危险了，我可不想白白送命，不去不去。"

驿马说："那你跟我一起驮着信使给人们送信吧，每天都可以穿越不同的地方，欣赏各地的美景，为不同地域的人们传达信息，是一件多么有意义的事啊。"

老马皱皱眉，说："那太累了，昼夜不停地奔跑，不累死才怪，不干不干。"

赛马说:“那跟我一起到赛场上去吧,只要竭尽全力奔跑,会获得数不尽的鲜花和掌声。”

老马翻了翻白眼,说:“竞争力太强,活着多累,压力太大,受不了,受不了。”

众马齐声说:“如此,即使伯乐在世,你也成不了千里马。”

苦难是一回事,抱怨是另一回事,抱怨不是因为生活中的苦难太多,而是永远都看不清自己。抱怨者,非但不敢坦然承认自己的失败,还把伤口装扮成花朵。人们本来容易同情弱者,但由于抱怨的人往往都气急败坏,所以他们非但得不到人们的同情反而招致人们的厌恶。

容易抱怨的人,眼中只有自己,看不到周围的美好。只要有一丁点儿触犯到自己,就会把“古往今来”所有的不满统统说一遍。细想来,诱因都是生活中的一些小事,但抱怨者会感觉受到了天大的伤害,容易夸大和扭曲事实,给自己编织一个冤屈的幻境。

很多抱怨的对象都是生活中非常熟悉和亲近的人,我们几乎天天都能看到他们,慢慢地就开始忽略他们。当我们忽略他们的时候,我们就很少再去欣赏他们,也就很少感激他们。当我们不再感激他们的时候,对他们的抱怨也就开始了。

抱怨有时候和任何人都无关,只是内心的一股情绪在作祟。不停地往自己的内心填充怨气,就像不停地往鞋子里面倒水。抱怨像鸦片一样让你上瘾,想改过却发现每次都控制不住,抱怨让你看不到生活中的美好,沉浸在自己假想的地狱里。

张先生是某小型企业老总,他总是喜欢跟身边的朋友抱怨自己的合作客户,一次他在和朋友聊天时,又开始抱怨这次合作的厂商有多么的无知和厌恶,从抱怨对方的长相开始,一直到性格,为人处世,言语里只有对方的缺点。

朋友看他那气急败坏的样子,不由地问:“你们认识多长时间了?”

张先生回答："两个礼拜。"

然后朋友笑着说："你目前身价不下千万，还有关心你的妻子和两个可爱的孩子。这些珍贵的幸福被一个并不熟知的人，用两个礼拜就打败了。你觉得值得吗？"

张先生顿时哑口无言，为自己抱怨的毛病感到羞愧。

有人说"抱怨相当于赤脚在石子上走路，而乐观是一双结结实实的靴子"。不停地抱怨，只会让角质层越来越薄，脚越来越疼痛。而乐观是心灵的一个保护层，生活需要的信心、勇气和信仰在乐观的保护层里得以发挥，他们在自己获益的同时，感染着别人。

人们抱怨自己、抱怨周遭，不停地往自己的鞋子里倒水，越来越难受，找不到解决的办法，又不肯行动起来改变自己，结果只能继续忍受，继续抱怨。其实你完全可以大胆尝试，困难不是生活的障碍，只是勇气的陪衬。

你只要懂得调整自己：停止抱怨，脱掉鞋子，用乐观将鞋子"烤干"，并往里面填充上豁达、坚韧，你就会感觉被乐观烘烤过的鞋子，是这么的舒服，前进的路也变得宽敞。只有用乐观代替抱怨，你才会发现人生的路其实很平坦，没有自己想象的崎岖和坎坷。

抖出抱怨这粒硌脚的"沙"

一位勇士发誓要克服万难，攀登一座没人能征服的高峰。大家都为他加油、打气。在所有人崇拜的目光中勇士上路了，大家期待他能尽快归来分享登上高峰的喜悦。

在长途的跋涉中，勇士克服了恶劣的气候和陡峭的山势。难耐的孤寂也没有动摇他坚定的信念，疲惫与饥饿也没有使他畏惧。但不知在何时何地，他的鞋里落入一粒沙，勇士并没有将其放在心上，只想快点赶路，早日登上高峰，实现自己的誓言。

眼看勇士就到高峰的脚下，准备攀登时，却发现脚异常疼痛，好像鞋子里有什么东西硌着脚。脱下鞋子一看，原来是那粒微乎其微的沙已嵌入自己的脚掌，并磨出了一个大大的水泡。

勇士非常痛心，这不是因为脚底的疼痛，而是因为他没有了健康的双脚就再不能继续攀登高峰了。比起勇士所遇到的其他困难来说，那粒沙的存在可以忽略不计。然而就是这粒沙，他每走一步都伴随着锥心刺骨的疼痛，伤口因而感染并开始化脓。最后除了放弃，他别无选择。

一粒沙，在沙漠里微乎其微，但放在我们的鞋子里，就会发现它的可怕之处。我们开始往往忽略一粒沙所带来的危害，但水滴石穿，慢慢地它就会磨破我们的脚底，让我们不能继续赶路。

抱怨就像这粒硌脚的沙，开始只是想发泄心中的苦闷，慢慢地从家人，到朋友到同事全部都遭到我们的“攻击”，当抱怨变成一种习惯，它便开始破坏你的生活，而你只能像一个玩偶一样，任由它的操控。

抱怨让我们看不到生活中大片的幸福，就像一粒沙不停地打磨我们的脚底：当你找到一份非常向往的工作，准备放手大干充分施展你的聪明才智的时候，却突然发现，你的工资比别人少了几十元；当你领导的一项改革计划被实践证明是有益的，而且正在节节推进的时候，却突然听到人群里有几声闲言碎语；当你和你的爱人携手建起了美好家园，甜甜蜜蜜共度人生的时候，你们之间却发生了一点小小的磨擦……

于是我们开始将全部精力放在这粒沙上，不仅不及时清除，反而将全部责任归结到将沙吹到鞋子里的风。一粒沙看似渺小，却一直在慢慢地侵蚀我们的心灵。不要轻视我们心中的抱怨，应及时清除，让双脚回归舒适，拥有健康的心才能有精力感悟生活的美好。

对待抱怨要采取正确的疏导方法，懂得调整自己的心态。一味地抱怨，就会不断地任由抱怨控制自己的行动，那么，你的一时冲动也有可能会造成终生的悔恨。

德国著名的化学家奥斯特瓦尔德，有一天由于头疼难忍，无心工作，同时还产生很多抱怨。恰巧助理拿来一位不知名的青年寄来的稿件，请他看一下。奥斯特瓦尔德粗略看了一下，觉得满纸都是奇谈怪论，就顺手把这篇论文丢进了废纸篓。

几天以后，头痛消失了，他的情绪也恢复到了以前，那篇论文中的一些奇谈怪论又在他的脑海中闪现。他急忙从废纸篓里把它捡出来重读一遍，结果发现这篇论文很有科学价值，发表出去一定能够轰动整个世界。他马上写信给一家科学杂志社，大力推荐。果真这篇论文发表后得到了一致认可，该论文的作者后来获得了诺贝尔奖。

可以想象，如果奥斯特瓦尔德的情绪没有很快好转，那篇闪光的论文的命运就在废纸篓里结束了。抱怨会使你的头脑变得麻木愚钝，会促使你做出一些错误的决定，若恰巧无法弥补，将会遗憾终生。

人生中可以让我们抱怨的，往往都是一些小事，那些惊天动地的大事会震撼我们的心灵，需要马上解决反而没有时间让我们抱怨。所以当我们心中有了抱怨的种子时，要深吸一口气，把心情放平静，在即将混乱的情绪中，给自己营造一片清净。而当你不做无谓的挣扎时，心平气和，事情也会理出头绪。

所以，只要你能抖出那粒硌脚的“沙”，让脚底回归平坦，让喋喋不休远离自己，周围的环境也会变得幽静和祥和，要知道未来还有很多美好和幸福等待自己去收获，不要让这粒沙阻挡自己前进的脚步。

借用怒火烧掉抱怨

在生活中，令人生气、让人抱怨的事时有发生。不合时宜的环境，嘲讽挖苦我们的人，我们心中开始装载一腔愤怒的怨火。但作为一个有头脑的人，应用理智化解一切。理智不等于怯懦逃避，而是借用怒火的力量烧掉抱怨，化为一股力量推动自己前进，用成绩来证明自己。

当与别人在工作中或生活中产生对立状态时，对方有意气你、激你，你自然而然就会开始发怒。但任意地发怒或抱怨，首先伤害的是你自己。头脑不清醒，容易被人牵着鼻子走，因一时气愤不过，还会胡作非为起来，这样做是非常愚蠢的。

聪明的你应该知道如何利用这把怒火烧掉抱怨，让它反过来成为你成功的动力。历史上著名的“文王一怒安天下”的典故，也许能给你一些启示。

“文王一怒安天下”这句话出自《孟子·梁惠王》。书中记载：有一天，齐宣王对孟子说：“本王有缺点，本王好勇。”孟子说：“如果大王好勇，我就请大王不要好‘小勇’。匹夫持剑怒目而对众人大吼：‘谁敢挡我！’这只是匹夫之勇，只能对一两个敌人起作用而已。而我请大王好‘大勇’。《诗经》中讲过：‘文王对商纣王的种种恶行，愤怒不已，下定决心要出师讨伐，以救天下。靠着这股怒火，文王招兵买马，暗做准备，等待时机。后来，武王继位，也对纣王怒火难平，最终等到时机成熟，带兵伐纣，安定了天下。’这就是文王与武王的大勇。过去，文王、武王因一怒而安天下之民，今日大王也可因一怒而安天下之民。而且，天下百姓无不希望大王好‘大勇’。”

文王与武王因为一怒而推翻商朝暴君，安定天下，借着这一股怒火成就了一件功德，这就说明怒火是可以为我们所用的。怒火经由我们的内心可以转化为抱怨或动力两种不同的力量，前者摧毁自己，后者成就自己，关键在于内心这股“催化剂”的作用。

懂得用怒火烧掉抱怨：一来可以避免自己深陷抱怨的沼泽，徒劳无功；二来可以激发自己的斗志，让能量提前爆发。怒火烧向自己还是烧向他人完全取决于自己的理智。说起来也许没人相信，规模宏大的纽约劝业银行的创立与发展，也只是由于该行总经理佛勒的“一怒之功”。

当佛勒还只是一家银行的小职员时，有一次，佛勒与该银行的一位经理在探讨工作时，偶然说起自己想在长岛设立一家银行，并粗略地分析了市场，预测将来生意一定发达，可能还会成为当地的经济支柱。

听完佛勒的设想，这位经理笑他这是痴人说梦，不但对这个计划不加半点评价，而且十分轻蔑地对他说："好啊！只要你的命够长，或者下辈子，你是可以在这里开一家银行的。"说着哈哈大笑地扬长而去。

佛勒听到对方这样一番嘲笑，顿时心中燃起万丈怒火，心里想道："这是在嘲笑我的能力吗？'只要你的命够长'这不是等于说我是一个庸碌无能、专等机会的人吗？这不是等于讥讽我这辈子也开不了银行吗？你可以否定我的能力但不能侮辱我的能力。那就用事实说明一切吧，我会用我的银行来回击他刚才的话，而且我的银行营业额非超过他的纪录不可。"

不到四年的时间，佛勒真的做到了。并且他银行的存款数额超过了那位经理银行存款的一倍以上。

有过类似经历的人都有这样的体会："敌人"的挑战会让一个人发挥出他平常所不能够发出的巨大潜能，创造出惊人的成绩。然而在日常生活中，我们中的许多人常常会犯这样的致命错误：他们总在诅咒自己的"敌人"，并且抱怨"敌人"，以为用抱怨发泄了愤怒就等于还击了"敌人"。

我们生气发怒，的确应该发泄，但转化为抱怨只会将力量白白浪费，我们完全可以将愤怒转化为动力，振奋自己。我们应该正确面对自己的"敌人"，为自己能遇到一个能让你怒火冲天的"敌人"而庆幸，因为正是他激发出了你强大的潜能。

学会用愤怒烧掉抱怨，让自己全部的精力都用在厚积薄发上，对事不对人。若我们将愤怒转化为抱怨，说明自己不敢去挑战对方激励我们的事情，其实抱怨在某种意义上就是一种逃避，不敢用实力证明自己，只能通过背后的抱怨来满足自己的虚荣心。

所以懂得调整自己，正视自己，敢于挑战自己，只要敢做我们就已经战胜对方,在气势上就已让对方折服。将愤怒化作一股动力,吴三桂“冲冠一怒为红颜”,你也可以“冲冠一怒为挑战”。只要能制得住“气”,然后将“气”转化到别的地方,借力打力,那么你就会拥有双倍的力量去获取成功。

放弃抱怨,接受并欣赏不完美

生活中,我们总能听到有人不断抱怨自己和周遭的不完美,对着镜子看自己,总能一眼看到自己不美的地方,“怎么可以长这么一个塌鼻子”,不停地抱怨,一味地厌烦自己的缺陷,不能接受更谈不上欣赏。

对待自己亦是如此,外界会更加严重。抱怨环境的艰苦,抱怨别人的缺点,将自己埋没在无尽的抱怨声中。生活本身就是一个不完美的缺陷,有一帆风顺也有坎坷荆棘,但也正是因为不完美,才使得人类有了存在的价值,不断改造其趋向完美。

上帝并没有创造一个标准的人,也没有在某人身上贴标签说“这个才是标准的人”。他让人类有个别独特之分,犹如他让每一片雪花有个别独特之分一样。缺陷既然已经属于自己,我们就应该正确地面对它。

俗话说:“金无足赤,人无完人。”每个人都有这样或那样的缺憾,即使是中国古代四大美女,也都不是完美的。据记载,西施大脚,王昭君双肩仄削,貂婵耳垂太小,杨贵妃患有狐臭。学会放弃抱怨,去接受并欣赏自己和周遭的不完美,你会发现正因为有了缺陷,心中才有了对完美的向往,而这正是生活中蕴藏的幸福。

从前有一个圆,它为自己拥有如此完美的形状而感到自豪并扬扬得意。可是有一天,它不幸失去了一角,从此便开始抱怨,因为那缺失的一角让它不再完美。抱怨没有带来任何改变,于是它下定决心要去找回失去的角。

因为自己不再是圆形,所以它没有了以前滚动的速度。找寻的路上,它见识了很多以前没有办法停下来欣赏的美景，它闻到了花香，听见了虫鸣，看清了飞鸟，看见了日出日落，听见了潮涨潮落。它发现世界上除了自己，还有很多值得欣赏的美好。

正是因为缺陷才得以发现别样的美，这是大自然的奥妙。自己以前太完美以致没有静下心来去发现生活中很多的精彩。失去角的抱怨，让自己失去角的同时也失去了快乐。

它继续寻找，直到有一天，它终于找到了自己的角，又成为一个完美的圆。

它是那么兴奋，真想立刻把拥有完美的幸福与这些日子认识的朋友分享。可是，还没等它反应过来，就在它与角重合的那一刻，它开始迅速地滚动，根本无法停下来。它先是错过了总和它聊天的小虫，又错过了花的芬芳；虫的鸣叫、鸟的歌唱都因为速度太快所产生的噪声而使这一切变得模糊甚至刺耳，它再也无法停下。

这时的圆突然明白，原来自己的完美恰恰让它与整个环境不能融合，失去存在的价值。想到此，它毅然决定把那个角去掉。正是这种缺陷才使它能够在世界中享受快乐，从此以后它不但没有抱怨自己的不完美，反而为自己的缺陷感到幸福，因为感受存在的价值比欣赏自己更有意义！

世界是一个整体，它要求里面的人、事、物都能达到和谐统一，但若每个方面都是完美的，像圆一样都是独立的个体，哪还会有和谐可谈呢？缺陷为我们营造了连接别人的端口，取长补短，用别人的优点弥补自己的缺点。

弗洛伊德告诉我们："在现实中，人各有其不同的缺陷，正是由于这些缺陷，我们才会发现完美所不具有的另一种美。"放弃抱怨，接受并欣赏不完美，正是由于不完美成就了独一无二的自己。

在我们生活的地球上，有春暖花开，鸟语花香，也有雷电轰鸣，狂风怒吼；有美丽怡人的夏威夷，风光无限的威尼斯，也有冰天雪地的两极，不断喷发的火山，惊心动魄的海啸和地震……因为不完美所以才有了不断流动的变化，也就有了精彩。

所以放弃抱怨，改用一种欣赏的眼光看待不完美：正是因为自己的塌鼻子，所以才使人们的目光凝聚在自己一双美丽的大眼睛上。残缺，不可避免地出现在我们的生活里，并使我们的人生更加丰满。所以，我们要放弃抱怨，以包容的心态对待自己的不完美，并从这种不完美中领略另一种美。

换位思考，抱怨自消

我们在抱怨外界的时候，往往都是从自己的立场出发，以自己的价值观作为判断标准。抱怨不能改变现状，徒劳无益的原因就在于此。每个人都有各自不同的行事法则、为人标准。以偏概全，只会让我们在抱怨中走向极端。

懂得换位思考，站在别人的立场考虑问题，就会收到不一样的结果，你会发现每个人都有一个自己认为合理，但在我们看来却是错误的理由。用他的立场考虑问题，你会发现其实并没有错，何必要抱怨呢？

有位作家说："换位思考，是第一等学问。上半夜想自己的立场，下半夜想别人的立场。"懂得换位思考，不仅可以让我们免受抱怨的折磨，同时可以增加许多处理人际关系的技巧，让我们在生活中游刃有余。

换位思考，不仅能够了解别人的态度和观点，而且还能更清楚地了解对方的思想轨迹及其中的"要害"，这时候若将抱怨换作有效说服，瞄准目标，击中"要害"，就可以完成改变现状的目的。

著名人际关系交往学家卡耐基为举办的一系列的讲座，需要租用纽约某家饭店的大舞厅作为上课地点。

然而在所有入场券和通告都发出去之后，卡耐基突然接到饭店经理的通知，要他必须付出比以前高出三倍的租金。这让他束手无措，甚至想要抱怨对方的不讲诚信，但很快他就转变了想法，可能对方也有难言之隐，并且这也是增加效益的方法之一，于是几天之后，他去见饭店的经理。

卡耐基一脸平静，并且微笑着说："收到你的信，我开始有点吃惊，但是我并没有生气。因为如果我是你，我也会发出一封类似的信。你作为饭店经理，为饭店增加利润是你的职责，你是一个对待工作认真负责的人，跟你合作我感到荣幸。但任何一件事都有利有弊，所以我们拿出一张纸来，把你因此可能得到的利弊列出来。"

饭店经理本以为卡耐基找到自己会大加抱怨，看到他态度和蔼，还要帮自己分析利弊，如此通情达理，很是高兴。刚想要感谢，卡耐基就已经取出一张纸，并在中间画了一条线，饭店经理一脸迷惑，只见卡耐基在画线的两侧一边写着"利"，另一边写着"弊"，并在"利"这边的下面写下几个字："舞厅空下来。"

卡耐基抬起头对经理说："我知道像这样的大舞厅，租给别人开舞会或开大会是最划算的，若租给我你的利润会大大降低，并且我一租就是 20 个晚上，让你没有办法租给别人。"饭店经理连连点头，看着卡耐基把"舞厅租给别人增加收益"写在利的下面，心想他真是为自己考虑。

卡耐基继续说："现在，我们来考虑坏的方面。第一，如果你坚持增加租金，你不但不能从我这儿增加收入，反而会减少自己的收入。因为我无法支付你的租金，这个舞厅只能空下来。"

经理皱了皱眉头，但认为卡耐基说的也是实情。

"你还有一个损失。来上我课的人都是受过教育、修养高的人群。事实上，如果你花费 5000 美元在报上登广告的话，也无法像我的讲座这样能吸引这么多的人来到你的饭店。这对一家饭店来说，没有比这更有价值的了。"卡耐基一面说，一面把这两项坏处写在"弊"的下面，然后把纸递给饭店的经理，说："我希望你好好考虑你可能得到的利弊，然后告诉我你的最后决定。"

第二天，卡耐基收到一封信，通知他租金只涨 50%，而不是 300%。

当你站在对方的立场考虑问题时，不仅可以消除自己的抱怨，还可以迅速扫除与对方之间的情感障碍，赢得对方的信赖。没有人只想做一个倾听者，只听对方谈论自己的事，每一个人都想听到跟自己相关的事。

少了抱怨，多了信赖，少了敌意，多了沟通。换位思考，是人际关系成功的最佳方法，同时也可以为你赢得机会和财富。因为上天也偏爱可以站在自己立场考虑的人。

有一个女孩非常想成为某知名老总的秘书，因为她非常钦佩这位老总的人品及处事风格，只不过她只能在电视或者报纸上才能看到偶像。女孩是一个非常合格并且优秀的秘书，她能协助领导把各项工作处理好。

女孩终于等来了机会，该老总的公司开始打出招聘总裁秘书的广告。但是，由于这家公司非常有影响力，女孩担心投简历的人太多，这样该公司就看不到她的简历了。她陷入了深深的思考中，她想到：绝大部分人投简历几乎都是一样的模式："我看到周日早报上的广告，我希望应征这个职位，我今年二十几岁……"

于是她拿出纸和笔，认真地在纸上写道："敬启者：您所刊登的广告可能已引来两三百封回函，而我相信您一定忙碌，没有时间一一阅读，因此，您只需要拨个电话……我很乐意过来帮忙整理信件，以节省您宝贵的时间。我有5年的秘书经验……"她并没有谈到她所想争取的，她谈的是该老总需要的条件。

再说那位知名老总这边，他看到这封信，简直是欣喜若狂。他立即打电话请她前来，并且对她说："像你这样的人，永远不用担心找工作。"

心中只有自己的人，用言语和态度将自己与外界隔离开来。强迫性的做法会使对方在感情上产生不悦，理性上来说，这样的人思想层面比较局限，心放不开，只顾自己的感受。抱怨是因看不到别人的优点，不懂得欣赏别人也可以带来快乐。

站在对方的角度去思考问题，会让对方觉得你和他是站在一边的，或者感受到你提议的中肯和真诚，而这些往往是最能打动人的。只有别人被打动，你才能既帮助了别人，同时也成全了自己。千万不要因为他人的不理解而抱怨，换一个角度，换一个位置，你的抱怨自然会消失。

到处树敌，受伤的是自己

德国的卡西尔说过："没有朋友的人，只能是半个人。"波斯的萨迪则说过："损失一个朋友，如同你损失一个肢体，时间可使痛苦减除，但失去的永不能补偿。"

人活在这个世界，本应该就是与周围的人共生共存的。到处树敌，只会让自己的抱怨与狭隘将自己与他人隔绝，走到哪里都是自己一个人。有人说孤独的人是可耻的，因为孤独的人无法体会到自己存在于天地之间的意义。

到处树敌，受伤的是自己。千万不要长久地抱怨与仇视他人，要懂得用宽恕的心去看待仇视自己的人。因为宽恕能够化解仇恨，更能赢得人们的尊重。

在生活中受到别人故意的或无意的伤害，大多数人会习惯性反击或者抱怨。但是反击可以消除你身上已有的伤害吗？不但不会，反而会为自己树敌，让别人又开始伤害你。同样，抱怨也不会有任何正面意义，只会平添内心的憎恨与痛苦。

《百喻经》中有这样一则故事：

有一户人家，中午十分，有贵客登门到访。父亲便差遣儿子上街打酒招待客人，可是儿子出去了很久都没回来，眼看就要开饭了，父亲又急又气。实在等得不耐烦了，就自己上街去寻儿子，看到底是什么吸引了儿子。

走出家门口不远，父亲就看到儿子当街站立。手里拎着酒，对面还有一个年轻人,二人对视不语。父亲很是困惑,忙上前问儿子:“你在这干嘛？买了酒为何不回家?”

儿子说道:“父亲,我刚才要穿过这条路,但这个人挡在了我的前面,不让我过去。现在我回来,也要挡住他的路。所以我们两个对上了,看看究竟谁让谁?”

“杀人一千,自损八百。”一味地僵持下去,绝对不会有赢家,反而会耽误彼此的前景,两个人都是失败者！这个世界空间有限,你不给别人余地,别人又怎会给你空间呢？倘若别人侵犯你的空间,若你要再前进,只会让自己的空间更加狭小。

犯错是平凡的,而宽恕则是超凡的。因为到处树敌,伤害的是自己。何必跟自己过不去呢？宽恕是人类最大的美德,宽恕的本身,除了减轻对方的痛苦之外,更能升华自己。所以,当我们宽恕别人的时候,我们自己也能得到真正的快乐。

一对年迈的夫妇,唯一的儿子在一场车祸中丧生,这对老夫妇非常伤心,伴随而来的还有对肇事者的报复心理。这种复杂的情感让他们比失去儿子还要痛苦。后来,心理学家建议他们将报复之心放下,用宽大的胸襟、博大的爱心,原谅醉酒驾车的人,并去拥抱他们的“仇人”。

夫妇俩难以理解,但还是听从专家的建议,鼓足勇气,在监狱中与肇事者见面,并像拥抱儿子那样拥抱了他。在那一瞬间,压在夫妇心头的怨恨,瞬间放下了。

拥抱过后,肇事者泪流满面,这对老夫妇的宽恕反而增加了其自责、愧疚的心理。他写了很长一封信,向那对夫妇表示歉意,并且表示出狱后,要替他们的儿子尽孝。

这对夫妇用宽恕放下了自己的抱怨,也释然了对方的心灵,这不正是人性的光辉吗?

怨恨会毁灭自己的心灵，而宽恕则会让灵魂得到自由。若不懂得原谅别人，反而报复别人，岂不是给自己平添敌人吗？我们每个人犯错的时候，都期待别人能宽恕我们；那么，当别人伤害了自己的时候，为什么不宽恕别人呢？

到处树敌，将自己独立出来，只会用孤独伤害自己。人都是向往群居生活的，孤独是一切罪恶的根源，抱怨、憎恨会让人陷入一个无法逃离的境地。因为你的怨恨会让人远离你。

所罗门曾说："不报宿怨乃是人的光荣。"过去的事情毕竟过去了，是不能再挽回的。智者总是着眼于现在和未来，念念不忘旧怨只能使人枉费心力。古往今来，将抱怨转化成和谐的例子，是人们学习的榜样。

袁绍进攻曹操时，陈琳写了三篇檄文，文中句句都是对曹操本人的辱骂和挑衅。而且还涉及曹操的父亲、祖父的名誉。曹操看罢檄文，顿时火冒三丈。

不久，袁绍兵败，陈琳落到了曹操的手里。大家都认为，曹操这下一定会将陈琳千刀万剐以解心头之恨，包括陈琳自己都这样认为。然而，曹操并没有这样做，他欣赏陈琳的才华，不但没有杀他，反而摒弃前嫌，委以重任。

曹操的胸襟让陈琳特别感动，后来竭尽全力辅佐曹操成就霸业。

若曹操不肯原谅陈琳，而是把他当做敌人一样处决，曹操就会失去一个难得的人才，受伤的是自己。生活中有许多事当忍则忍，能让则让。忍让和宽容不是怯懦胆小，而是为自己储备能量，赢得未来。

到处树敌，心存报复，就是不断地剥夺自己在世间生存的能力。要懂得用宽容和谅解面对生活中的不平事，因为有时候你也会伤害到别人。把心放开，多看到别人的长处，培养自己的豁达、冷静与理智。

到处树敌是对人性中恶的放纵，这种放纵会让内心的魔鬼操控自己，让你在生活中失去从容、失去自信、失去享受。从身边的每一件小事做起，用宽容和微笑取代抱怨，将过往树的"敌"一个一个放过，你也就拯救了自己，从而得到快乐与幸福！

第九章
压抑，遮住了阳光

不要一味地迎合别人

人活在这个世上，既要活出自我又要融入集体。二者只有权衡到位，才可以在生活中找到快乐与幸福。偏执自我的人，眼中只有自己，将世间的其他美景一并忽略；一味迎合别人的人，过分看重别人的看法，活在别人的世界中，只会给心灵增加负担，增加很多压力。

人们往往都希望给自己所遇到的每一个人都留下好印象，别人最好只是注意到自己的长处，同时忽略掉自己的短处。当察觉到自己的某些言行给别人造成不好的印象时，便整日忐忑不安，忧心忡忡。在说话做事时更加谨小慎微，生怕哪句话说错了，得罪了别人。

一味地迎合别人，将别人的喜好作为自己的价值取向。殊不知世界上70亿人口，你怎么迎合都无法让所有人满足。当迎合不了时，心也开始变得压抑，心被数以万计的别人的喜好所掩埋，被遮挡住阳光，无法继续享受快乐。

从前，有一只美丽的孔雀，当有人驻足身旁时，便会开屏博得大家的赞美。然而有一天大家看烦了，不愿再看它开屏，而喜欢听夜莺歌唱。焦急的孔雀看到大家离开自己追逐夜莺，便也开始放声歌唱，但孔雀唱得太难听了，声音非常嘶哑，不但没有得到人们的赞美，反而被人笑话。

苦恼的孔雀只好向天神诉苦。但天神对它说："别忘了，你的颈项间闪着翡翠般的光辉，你的尾巴上有华丽的羽毛，所以在这些方面，你是最出色的。"孔雀仍不满足地说："可是，现在大家喜欢的不再是美丽，而是动听的歌声，可像我这样唱，跟哑巴有什么分别呢？"

天神答："命运之神已经公正地分给你们每样东西。你拥有美丽，老鹰拥有力量，夜莺能够唱歌，喜鹊能够报喜。一味地迎合别人，只会失去自己的方向。”

一味迎合别人，日积月累，就会失去自己的特长，没有自己的特点。压抑是因为束缚太多，而这烦琐的束缚正是由于你不断迎合别人造成的。过分看重别人对自己的看法，仿佛自身的一举一动都被众人所关注，因此谨言慎行。但是，一味地对自己求全责备，以至于怕言语伤人而错失好友，就未免过于极端。

有时你越在乎结果，结果会越糟糕，你就是你，不必让所有的人都认同自己。过分在意自己在别人眼中的印象，只会成为自己交流中的一大障碍，久而久之就会变成一种心理压力，压得自己无法喘息。

有一个画家想画一幅被所有人都称赞的画。画好后，他把画挂在一个人流量最大的市场上，并在画的旁边放了一支笔，并附写“请在你认为不完美的地方做个标记”。

一天后，画家取回了画。让他意想不到的是，画上到处都是标记，已经看不出原来画的样子。画家变得很压抑，原来自己的画这么不受欢迎。但画家转念一想，自己创作这么多年应该还是有些实力的。于是，画家决定换另一种方法试试。

第二天，画家又描摹了同一幅画，还是挂在原来的市场上，并附写“请在你认为最满意的地方做个标记”。

晚上，画家取回了画。看完画，画家笑了。原来，画上也涂满了标记。画家豁然发现，不论做什么事，让所有的人都满意是不可能的。若一味迎合别人，只会平添很多烦恼，而这些烦恼会阻挡住原本的快乐。

当我们太在乎别人的看法，而自身能力又无法企及时，压抑就会充斥内心。当一个人倍感压抑的时候，便无法看清事情的本质，同时带来焦躁和烦闷。要知道人生活在这个世界上，不是为了他人而活，而是为了追求自我价值的实现。

只有实现了自我价值，才能更好地影响别人，给周围带来快乐和正面的价值。以失去自我作为代价去换取别人的认可，是愚蠢的行为，这样不仅达不到目标，反而会让别人认为自己没有价值。

不要一味迎合别人，做真正的自己。只有这样才能感受到生活的快乐，也只有这样，才能赢得大家的喜爱。就像现今流行的整容，若每个女人都整成“锥子脸、杏核眼、樱桃小嘴一点点”，那我们看谁不都是一样呢？

在保持自我的同时适时考虑别人的感受，别人也会因为你的个性而想靠近你、探寻你，要知道拱手相赠的灵魂没有人想要。每一个生命都有其独特的轨迹，无须用他人的价值观来评判自己的价值。洗涤心灵的尘迹，抛开压抑的束缚，让心灵回归轻松。

抛开忧虑，与不安说再见

从前有个国王，国家太平，百姓安居乐业，但他每天仍旧非常忧虑。以至于因担心军队吃败仗或者国库被盗而睡不着，为此他感到非常压抑。

有大臣建议国王出去走一走，看看百姓生活，或许忧虑就可以得到改善。国王便乔装成乞丐来到一户农家，看到一位花甲老人正准备吃晚饭，而他的面前只有一个馒头和一碗粥。国王心想：“我可怜的子民，难道你们每天就吃这个吗？”

国王忍不住上前询问老人的心情，还未等国王开口，只听老人笑着说：“真是可怜的人，来和我一起吃晚饭吧！”说罢，走回厨房，拿了两个馒头出来，递给“乞丐”。

国王惊讶地说：“你难道每天晚上就吃这个吗？”

“是啊，难道这还不够好吗？对于我来说，我已经非常满足了。”老人笑着说。

“你难道不想吃到更好的吗？或者你不为明天万一吃不到馒头而担心吗？又或者面对一贫如洗的生活，你不感到忧虑吗？”

“哦，我可没想那么多，我只知道现在吃馒头就非常快乐了，为何要想那么多呢？”老人想不通这个“乞丐”怎么会有那么多的担忧。

国王拿着两个馒头走出老人的家，一边走一边思考，他似乎明白了忧虑都是因为自己看不到眼前的美好，更谈不上享受快乐。自己相对于那贫穷的老人来说本应该感到更加幸福，但就是因为自己的“胡思乱想”给心灵覆盖上灰尘。

忧虑是我们对未来的担心，为自己担心，为自己所处的环境担心。忧虑的心让我们感到压抑，总觉得心中有事，放不下，也快乐不起来。忧虑和不安是一对兄弟，在我们不断强化忧虑这个情绪的时候，潜意识信以为真，开始表现不安。

很多时候，我们的忧虑是由过去的失败造成的。总是以为过去失败了，未来还会再失败，对失败的恐惧让我们忧虑未来。从此，心灵开始被忧虑遮盖，没有一丝活力。

看了故事你会发现，忧虑只是一种情绪，对未来有百害而无一利。快乐是自己可以决定的事，莫要将快乐寄托在外界，只要自己愿意，你可以抛开忧虑，与不安说再见。

快乐是一种定力，是让人可以享受当下生活的良药。只要拥有快乐，什么样的困难都可以消除。因为快乐的人没有那么多的牵绊，没有那么烦琐的事束缚心灵。快乐的人活在当下，把快乐当做挑战明天的资本。

忧虑明天只会徒劳无功，反而心生压抑，像国王一样，拥有国内最多的财富和最高的地位，本应该是最幸福的，但他却看不到，注意力全部被忧虑夺走，认为活着是很累的一件事。

快乐可以带来一切正面的品德：正直、善良、豁达、乐观等。所以我们每个人都要尽量做到能够抛开忧虑，与不安说再见。这样心灵就有了快乐的空间，人生也将开启轻松之旅。你可以将注意力放在当下，全身心投入眼前的事，头脑里思考的都是为现在事情服务的。

对于未来，要给自己自信，因为即使曾经有过失败，也不要惧怕未来的困难。正确看待生命中的成功与失败，我们主宰不了未来但可以主宰看待未来的心情，看淡一切，享受过程就好，永远记得我们生活的最终目标是快乐。与其追逐快乐，何不自身营造快乐呢？

做自己情绪的调剂师

人生在世，我们的心中难免会产生诸如烦躁、郁闷、焦急、痛苦等劣性情绪，当这些情绪缠绕在一起，就会覆盖我们的心灵，使得阳光无法照射进来，从而感觉压抑。

压抑只会将劣性情绪糅合在一起，找不到转化的途径，积累久了，便会一触即发，对自己对周围造成破坏性伤害。这时压抑就会转化为对冲动的懊悔，原本不是自己所想，只是压抑控制了自己，任由其摆布。

在生活中，当我们遇到这样或那样的让人不愉快的事情时，就要懂得自我调控。做自己情绪的调剂师，学会有效管理和调控自己的情绪，是一个人走向成熟、获得快乐的基础。

现代成功学大师拿破仑·希尔，在事业发展的初期，因为发展艰难，一度难以控制自己的情绪。他缺乏自制，对生活和工作都造成了极为可怕的影响。

有一天晚上，拿破仑·希尔在办公室准备一篇演讲稿，当他精神正集中于演讲素材时，电灯突然熄灭了。这种情形在之前已连续发生了几次。拿破仑·希尔立刻暴跳如雷，他直奔大楼地下室，去找大楼的管理员。

他没有敲门就使劲推开地下室的门，发现管理员正忙着把煤炭一铲一铲地送进锅炉里，同时还吹着口哨，仿佛什么事情都没有发生。看到这幅情景，拿破仑·希尔更加生气，再也控制不住内心的怒火，立刻对他破口大骂。

拿破仑·希尔似乎要将全部怒火都发泄出来，咒骂的言语比燃烧的火还要激烈。直到自己再也找不到骂人的词语，火气慢慢地降下来了。

这时候，管理员直起身体，面对他，脸上露出开朗的微笑，以一种镇定自若的柔和声调对他说："呀！你今天晚上有点儿激动，不是吗？"听到这句话，拿破仑·希尔顿时感到羞愧万分。

站在拿破仑面前的管理员，文化程度不高，但他却在这场"战斗"中打败了拿破仑！更何况这场"战斗"是拿破仑主动挑起来的，地点与武器也都是自己挑选的。拿破仑·希尔的良心受到了谴责，自尊受到了羞辱。他被彻底打败了，并且没有一丝反驳的理由。

拿破仑·希尔羞愧地离开地下室，以最快的速度回到办公室。对刚才发生的事，前前后后仔细考虑了一遍，尤其是管理员刚才说的话和说话的态度。他发现自己必须向管理员道歉，只有这样才能弥补自己的错误。

这件事情对拿破仑·希尔触动很大，他发现一个人若不能控制自己的情绪，再高的学问都是空中楼阁。只有懂得战胜自己，未来才能战胜别人。

做自己情绪的调剂师，就是要懂得把所有让我们感到压抑的情绪都控制住，并转化成有益于我们成长的能量。懂得自制的人，一定是内心非常强大的人，任何外在环境的变化都不能在他心中掀起波澜，为心灵营造一个宁静、祥和的氛围。

当别人侵犯到我们利益的时候，只要懂得调剂自己的情绪，就不会在已经失去利益的同时还失去快乐。轻易发怒只会让我们失去更多。

当我们被他人误解的时候，难免会受到莫名其妙的嘲笑或轻蔑，懂得调剂和控制自己的情绪，就不会造成人际关系的不和谐。待误会解除，对方也会为你宽广的胸襟而佩服你。倘若任由情绪爆发，即使你没有过错，也会因为控制不了情绪而受到伤害和攻击。

在英国发生过这样一个故事：

汉森是英国中部一个小镇的警察，有一天，结束了一天的工作，汉森疲惫不堪，换上便装来到一家超市门前，准备买包香烟。

恰巧碰上一个流浪汉，对这个流浪汉，汉森早就熟知，他非常无赖，但又没有犯过什么大错，也不能抓他坐牢。流浪汉看到汉森，便上前一脸媚笑着说："您准备要进去买点什么？""买包香烟。"汉森看都不想看他一眼，回答道。"那您得给我一根，我已经好几天没有抽过烟了。"汉森没有办法，只得点了点头，迅速走进了超市。

等汉森出来后，发现流浪汉还在等着自己，喝了不少酒的流浪汉再一次缠着汉森要烟抽，本来想给他，但这样的纠缠让汉森烦透了，于是他便不理流浪汉。流浪汉见状，开始对着汉森大喊大骂。

汉森也不甘示弱地展开回击，二人随着情绪的激动，竟开始动起手来。汉森掏出手铐，在流浪汉眼前晃："信不信我抓你去坐牢？"流浪汉一脸轻蔑地反唇相讥："你这个浑蛋警察，有什么了不起的，看你能把我怎么样？"在言语的刺激下，二人又扭打成一团。旁边的人赶紧将两人分开，劝他们不要为一支香烟而发那么大火。

被劝开后的流浪汉骂骂咧咧地向附近一条小路走去，他边走边自言自语道："自以为是个臭警察，其实是个窝囊废！"听到如此的讥讽，再也控制不住情绪的汉森拔出手枪，冲过去，朝流浪汉连开四枪，那个流浪汉随即倒在了血泊中……

法庭没有因为汉森失去理智而宽恕他，而是以"故意杀人罪"对他做出判决，他将在监狱中度过自己的后半生。

一个小小的矛盾让失控的情绪葬送了一个人的生命，同时也把另一个人送进了大牢。其实，汉森完全可以采取另一种做法，那就是：给流浪汉一支香烟，宽恕他的无理取闹。那么这件悲惨的事情就不会发生了。

劣性情绪让我们的心情变得压抑，压抑就想得到释放，在这个情况下，若我们不能用理智将心中燃烧的怒火熄灭，便会犯下令自己后悔一生的错误！所以，一定要控制我们的情绪，让理智主宰情感。

做自己心灵的调剂师。首先，我们要懂得用冷静取代愤怒，当感到压抑的时候，深吸一口气，放慢呼吸的节奏，情绪也跟着平静下来，这时候可以开始理智地思考。其次遇到让自己怒火中烧的事情，要往长远看，要顾及后果，如果任由情绪爆发会不会造成严重的损失。个人的利益荣辱遮盖了自己的眼睛，忽略了更加珍贵的感情。再次，我们要通过自己的努力来调剂自己的气质，思想修养愈好，自觉调剂气质的能力就愈强，遇事就可以站在更高的角度来处理。遇到不愉快的事，采取自我分心的办法，自觉地把注意力转到别的事情上。最后，时刻提醒自己保持快乐的心情，做到乐观、开朗、豁达。因为当心情好时，即使别人把自己一件心爱的东西弄丢，也不会发怒；而心情不好时，别人友好的问候，也会不耐烦。

情绪往往是烦恼的根源，也是病痛的根源，倘若会控制，人生何愁没有欢乐。做自己心灵的调剂师，不要让压抑成为我们心灵的污垢，时刻洗涤心灵的浮尘，让心灵时刻处在轻松愉快的旅程上。

让闲趣来充实自己的人生

一个年轻人，整日无所事事，总觉得生活百无聊赖，于是心情也变得压抑起来，做什么都没有激情。眼看就到而立之年了，他实在受不了这样的虚度，但又苦于找不到解脱的方法。于是前往一座寺庙，向禅师求助。

禅师听了年轻人的困惑，没有直接告诉其方法，只是对他说：“你去把墙边那个最大的木桶提来，然后把它装满石头。”

他很快把石头装了进去，禅师问他：“都装满了吗？”他点了点头说：“都装满了。”禅师又指了指不远处的一堆沙说：“那你再把那些沙子装进去，你看还能不能装下？”

年轻人拿着簸箕盛起沙子往桶里倒，沙子果然顺着石头的缝漏了进去。这时禅师又问他：“这回真的装满了？”他自信地回答：“真的装满了。”

禅师没有说话，转身走进房门，舀出一瓢水说：“那你再试着把水倒进去吧。”年轻人接过水瓢，慢慢地把水倒进了水桶，水很快就渗了进去。对着这只装满石头、沙和水的大桶，年轻人低头沉思，良久他恍然大悟，对禅师说：“禅师，我明白了。”

人生就像这一只桶，你永远都不可能将它装满，只有不断地往里装填新的东西，生活才会更加充实、丰富。

生活就是这样，你可以把它看作一成不变，也可以看作日新月异，关键在于你看待生活的态度。时间每天都一样，24 个小时，你若不好好把握，用心过好每一刻，只能眼睁睁地看它溜走，然后心情也会因为把控不了时间而日渐压抑。

生活只是给你提供一个底板，要怎样的人生就看你如何填充，可以是暗淡无光，也可以是缤纷绚烂，全看你如何给生活增添闲趣。生活中每一秒都在更新，就像有人说：“其实你每天都在过生日，因为今天的你跟昨天的不一样。”懂得用闲趣来充实你的人生，你会发现时间会因为充盈而放慢速度。

闲趣不一定会带来物质财富和名利地位，但它可以填充你的精神世界。看看朝阳日落，听听鸟叫虫鸣，赏赏牡丹百合，或为自己沏一杯茶，做一会手工，这些都让你感受到生命的宝贵，活着的幸福。

很多人起床后、睡觉前、工作中或者不论什么时候都喜欢发呆。你会发现短时间的发呆可以让人得到暂时的休息，一旦时间过长，就会变得压抑。发呆让你无所适从，哪怕站起来走到窗前看外面的风景，都让你思虑很久，这种“深思熟虑”很不可取。

与其发呆感叹时间的飞逝不如着手投身到闲趣中来，在闲趣中感受生活的每一个细节。用闲趣充实人生不代表让人生变得繁忙和琐碎，闲趣是连接心灵与生活的纽带，用闲趣驱走压抑，通过每一个细节感受快乐。

湖南卫视《我们约会吧》节目中，有这样一个片段：

在节目现场，42岁的“马夫哥”问一个22岁年轻靓丽的女孩这样一个问题：“你在日本留学6年，我问你，那你有时间生活吗？年纪轻轻的，能有什么经历呢？”

一句话触动了对方内心深处的酸楚地带，她开始哽咽，之后说：“是的，我在日本6年，几乎每天都穿梭于学校和打工的餐馆之间。6年来，我受了多少苦，你知道吗？是，我没有时间生活，我一直忙忙碌碌，因为我必须为我自己赚取6年的生活费。”

主持人忙打圆场，说：“‘马夫哥’的意思是你被生活支配得团团转，而没有时间去享受生活。”

又上来一位女嘉宾，30岁。身穿湖蓝色长裙，看上去温柔宁静。“马夫哥”与其经过几轮对话后，最后问她：“你能为我改变自己吗？”女嘉宾答：“我人到中年，经历过无数风雨。我的人生经验，让我成为百变女人。我可以温柔，也可以开朗。我可以安静，也可以很动感。奔向幸福，我已经准备好了。我只想问你一句，是我过去牵你的手，还是你过来牵我的手？”

一句话让“马夫哥”停顿了一秒钟，然后大步走上前牵起女嘉宾的手。主持人开心不已，拥抱了这两个人，祝他们幸福。

两个人牵手离开，一路微笑。

22岁的年轻女孩不懂得“马夫哥”所要表达的意思，但30岁的女人懂得，当年已不惑，阅尽千帆，会让人更加懂得珍惜生命的意义，享受生活的过程。“马夫哥”是在寻找能和他一起感悟人生的人。

用闲趣来充实你的人生，是善待自己，给自己增加感受幸福的机会。因为人在这个世界的时间真的很短暂，莫要等到年华老去才顿悟人生。在每一个闲趣中，让自己的心灵得以放松，营造平静祥和的氛围，用自己的心去感受每一分钟的价值。

美好的清晨，来到院中，让和风轻吻脸颊，和花朵、小草甜蜜亲近，沉醉于它们的芬芳。在细雨中散步，撑一把小伞，轻声哼唱美丽的歌谣。看太阳喷薄而出，彩霞满天。去郊外踏青，采撷美丽的蒲公英……

在疲惫的时候，泡一杯菊花茶，看菊花在水中再次绽放。在空闲的时候，下厨为自己烧一桌好菜，然后在音乐声中享受美味佳肴……

这些都是可以充实人生的闲趣，只要我们懂得发现美好，懂得行动的意义，在平凡的人生中，也可以留下精彩，因为精彩就在你心中。给自己一份惬意的心情，我们有时间生活，就要生活得最好。用美好的心情收集快乐的点点滴滴，享受生活中的种种美好，你就是世上最幸福的人。

宣泄出你的怒火

有这样一幅漫画：

一位老板模样的人训斥了一名职员，职员无奈，便转而训斥他的下属，下属受了窝囊气，回家后居然莫名其妙地把气撒在妻子身上，妻子便把受到的委屈一股脑儿发泄在儿子身上，打了儿子一个耳光，儿子恼怒至极，飞起一脚踢向小狗，小狗疼得乱窜乱跑，发疯似的冲出门乱咬，结果正好咬到从这里路过的老板！

职员训斥下属，下属训斥妻子，妻子打儿子，儿子踢小狗，无非是给自己的怒火找到一个宣泄的“出口”。生活中，我们难免会遇到一些跟我们毫不相干，但让我们十分恼怒的事。委屈会让我们的怒火越烧越旺，当不能再压抑时，只能为其寻找宣泄的出口。

怒火不仅夺走我们的快乐，同时也伤害我们的身体，中医里面说“气大伤身，怒大伤肝”，所以只有用合理的方式排解，顺畅自己的气，才能还给灵魂一个健康的栖息地。

医学专家曾证明,适度宣泄能够减轻或消除心理或精神上的疲劳。把怒气发泄出来比压抑在心里要好得多,宣泄出来,心灵才会腾出空间,迎接快乐与幸福,但一定要把握好宣泄的分寸,同时掌握好宣泄的方式。

美国加州一名年轻的父亲对卡车情有独钟,有一天他终于将他期待已久的一辆卡车买回家。崭新的卡车发出淡淡的光芒,很是吸引人。他可爱的三岁女儿见爸爸买了这么一个漂亮的“大玩具”也欣喜若狂。整天围着卡车玩耍。

一天早晨,父亲出去上班了,小女孩像往常一样来到卡车边,她发现卡车光亮的车身可以作为自己的画板,画一幅油彩画让卡车变得更加漂亮。小女孩拿出油彩,开始在车身上胡乱涂抹,在她的眼里,卡车正在一步一步变漂亮,她越想越高兴,希望尽快完成。

年轻的父亲下班后,想开着卡车出去兜风,却吃惊地发现卡车被涂抹得乱七八糟,顿时怒火中烧,大声地咆哮:“哦,我的天,这到底是谁干的?”

父亲发疯似的寻找“罪魁祸首”,这时女儿跑出来承认了错误,他本想狠狠地打女儿一顿,让她记住以后不许碰父亲的东西。但是,当他看到女儿天真的大眼睛,举起的手掌慢慢放了下来,他握紧拳头走出屋门,一直走到一个荒废的居民区,将拳头狠狠地砸向墙壁……

看到心爱的东西被毁坏了,任谁都会生气,但年轻的父亲选择将怒火发泄在荒无人迹的地方,这样谁都不会受到伤害。因为他知道可爱的女儿没有错,只是想给父亲一个惊喜,只是方法不太正确。

宣泄怒火的方法有很多。像上面年轻的父亲一样,可以到无人的地方肆意发泄,也可以找知己或者朋友谈心,分散注意力,还可以找心理医生咨询或通过写文章、写信来表达情感都可。

美国第十六任总统林肯,每当他在外边受了别人的气,回到家里后就写出一封痛骂对方的书信来宣泄心中的怒气。家人在第二天要为他寄发这封

“信”时，他却不让寄出去，原因是：“写信时，我已经出了气，又何必把它寄出去呢！”

日本有一家大公司的总裁，定做了一个与他身材同样大小的橡胶人偶，对自己有意见的职员可以对这个形态逼真的人偶尽情拳打脚踢，等宣泄够了，职员也就消了气，恢复了心理平衡。

你可以参照以上的方式，选择最适合自己的方式来宣泄情绪。如果都不能奏效，就在自己的屋内痛哭一场，哭也是宣泄情绪的一个好方法，因为愤怒与怨恨等消极情绪会使体内的肽和激素含量过高而危害健康，眼泪能排泄一部分对健康有害的化学物质。

选择哭作为宣泄的方式多数发生在孩子和女人身上，很多以“男儿有泪不轻弹”自居的成年男性，总觉得哭是懦弱的表现，其实不然，强忍着愤怒，伤心又伤身，正如刘德华唱的“男人哭吧哭吧不是罪，再强的人也有权利去疲惫……”所以遇到愤怒的事情时，所有的人都有权利用哭来宣泄。

清空心灵的回收站

众所周知，电脑上的回收站需要定时清理，否则就会影响电脑运行的速度。而清理掉的都是我们已不再需要的垃圾文件，除了占内存之外毫无价值。人的心灵跟电脑有相似之处，都是我们寻找和储备信息的地方。开心、快乐、忧虑、烦躁等都存在我们的心灵当中。同样，在心灵深处，也有一个回收站。

在人生的征程中，我们渐渐学会了用快乐取代焦虑、忧愁、烦恼等负面心情，于是便在不经意的时候将负面心情归置到了心灵回收站中。然而我们还未达到“乐天知命”的境界，当身处逆境中，便又毫无警觉地将负面情绪恢复，于是整个心情顿时陷入压抑。

所以我们要做到能够定期清空心灵的回收站，这远比清空电脑回收站复杂得多。因为后者只需点击一下就可完成，前者则需要我们有持续快乐的定力，稍不注意回收站里的垃圾便会恢复进而腐蚀我们的心灵。

清空心灵的回收站，可以让我们的心情更加轻松和愉悦，它能使快乐延续，更能使灵魂得以释放。清空了，让我们感到压抑的情绪便永远没有恢复的机会，每一次清空就是一次成长，就是一次释然。

一个年纪轻轻的男子事业初成，被所有人赞誉为“进取向上”，但他丝毫感觉不到一点快乐，反而感到生活越来越沉重，心脏的负荷越来越大。于是，他千里迢迢来见智者，寻求解脱之法。

智者随手将地上的一个篓子提起来交给男子，并让他背在肩上，指着远处的一条沙砾路对他说：“沿着这条路，你每走一步就捡一块石头放进去。回来后告诉我有什么感觉。”

男子很纳闷，但还是照做了。他每走一步就觉得后背的分量又重了一点，这使得他不得不把腰又往下弯一截，当还未走到路的尽头，就已经累得气喘吁吁。

过了许久，男子走到智者面前，上气不接下气地对智者说：“我感到心脏越来越憋得慌，不仅累，而且非常压抑。”

智者笑笑，对年轻男子说：“那你说这是为什么呢？”

男子不以为然地说：“因为我背上的石头越来越多呗。”

“既然你明白这个道理，为何看不透生活越来越沉重的原因呢。当我们来到这个世界上时，每个人都背着一个空篓子。随后，我们每走一步都要从生命的旅途中捡一样东西放进去，有些是我们所需要的，但有些我们明知道不需要但不肯放弃，于是便有了越来越累的感觉。”

人们在不断追求和进取的过程中，遭遇困境、嫉妒、争夺，由此产生了许多成功的“附属品”：抱怨、怀疑、消极……它们像垃圾一样，被丢到心灵的回收站。但有它们的存在，我们的快乐也就时刻处于危险之中，一旦它们恢复，便会占用快乐的空间。

很多人都会有这样的体会：每隔一段时间，无名的抑郁总会萦绕于心。要知道：冰冻三尺，非一日之寒。当垃圾储存过多，便会跑出来侵蚀你的快乐。即使没有外因，它也能让你饱尝压抑的恶果。

有时候，我们往往会因为一件小事就怒发冲冠、暴跳如雷，本来并不想将事态弄得如此复杂，但就是控制不住自己的情绪。其实真正的诱因是之前搁置在心灵回收站中的心情垃圾。它们像一枚枚定时炸弹，一触即发。

她生性怀旧，细腻而敏感，总喜欢活在自己的幻想和对过去的回忆中。对于生活中的点点滴滴她都一一收藏，无论是快乐还是痛苦。结果日积月累，她变得越来越容易惆怅，当无法排解压抑时，她便将自己关在房间内，独自流泪。

后来遇到一个好心的朋友，开导她："你不能让自己总纠缠在回忆中，你应该走出来并清空心灵的阴影，去涉足那清新奔流的小溪，活出一份新鲜与明丽。"

慢慢地她发现，只要有勇气清空心灵的垃圾，便会感到原来人可以活得这样轻松、这样自在、这样潇洒。一个人若能够将烦恼和痛苦全部清除，只记住快乐和幸福，那他才有权利拥有整个生命的美丽和精彩。

一份平常心、一种归零的心态、一个空杯的理念都可以成为我们清空心灵回收站的工具。做一次彻底的清空，无疑是让我们心理扩容的最好方法。就像楼道的垃圾，虽然将其从屋内转到楼道内，但它仍旧会污染你的环境，只有将其丢弃在垃圾车中，才算彻底的清除。

敢于清空是一种智慧：清空过去的恩怨，可以获得心灵的解脱和真挚的友谊；清空伤害带来的阴影，可以摆脱恐惧和烦恼的纠缠；清空曾经成功的骄傲，可以永远保持进取的姿态。只有清空心灵的回收站，我们才会轻松和愉悦，才不会为世事所累，不让名利缠身。

现在，请暂停五分钟

在竞技比赛中，我们经常见到中途有人申请暂停，有时候是为了调整士气，有时候是为了调整队伍，有时候只是想缓解对方紧迫的进攻。无论是领先方还是失利方都会懂得利用暂停调整局面。

在人生的战场上，如果我们一时节节挫败，感到非常压抑时，也不妨叫一次暂停！让自己可以有机会处于宁静中，清除因失败带来的垃圾情绪，重新计划。这是一种技巧，更是一种缓冲，它让我们紧张而疲惫的心得以放松，以便更好地前进。

很多人在前进中不甘落后、不甘平庸，总在更新理想，更新目标，于是也就不肯停歇，认为停歇纯属浪费时间。其实这短暂的停顿在漫长的人生中简直是沧海一粟，但它却可以让我们扭转颓废，重整旗鼓，再度出击。

当我们总是不停奔跑时，却发现目标离我们越来越远。因为有理想，所以必须不断追赶；因为有理想，所以对现在总是不满；因为有理想，所以总是活在压抑之中。理想是奔跑的动力，但当感到压力时，不肯暂停下来将压力清除，只会使步伐越来越沉重。

丽红在工作中，是个“拼命三郎”，她每天工作内容都安排得满满的，除了几个小时睡觉的时间外，基本上没有一分钟休息的时间。领导和同事都劝她要注意身体，但她却不听，她想尽快升职，尽快加薪，尽快储备技能和经验。

因为太多的加班熬夜，有一次丽红在汇报工作时当场“失声”。还有一次竟然在周一早晨给员工训话时晕倒在众人面前。她要处理太多的突发事件、公关事件，时时应酬，顿顿喝酒，最后竟喝到不能起床，喝到阑尾炎发作也没时间去做手术。丽红就像在跑步机上行走的人，从来不曾停歇，总是脚步匆匆、马不停蹄。

终于有一天，丽红躺在了医院的病床上。满脸绝望地望着天花板，她不相信自己一刻也不肯停歇的努力换来的却是健康的崩溃。领导和同事来看望她，她发现公司没有她照样运转得很好，他们各自也活得很精彩，而自己反而成了大家担心的对象。

于是，她拿出封存了十几年的私人日记本，写下了这样的话："是的，我该停一停了，一路的狂奔让我忽略了欣赏风景，我甚至回忆不起我过往的生活内容，仿佛一路都在追逐，即使感到劳累和压抑我仍旧不肯暂停一会儿。我收获的太少，失去的太多，皆因我不懂得暂停的道理。"

我们应该辩证地看到：忙碌有时候的确是一种幸福，只要能清醒地知道忙碌的意义；清闲有时候也可以成为一种境界，只要不为此而麻木。若我们懂得在生活中暂停五分钟，去思考去总结去反省，任何一种生活都可以带来快乐。

暂停不是原地踏步、得过且过，而是坐下沉思，舒缓压抑；暂停也并非停滞不前、坐以待毙，而是调整方向，重新计划；暂停亦不是精神颓靡、自暴自弃，而是一种蓄势待发，广采众家精华，再起斗志。

当杰克成为一位功成名就的商人时，他仍想扩展商业版图，把生意做到世界的各个角落。

这一次，杰克又带领考察团搭船前往美国的一个小岛，考察旅游市场。在途中，不幸来临，海啸将他们整只船都掀翻了。杰克和大家都被困在太平洋中，他们毫无希望地在大海中漂流了长达一个月之久，最后竟奇迹般地获救。

回来后，杰克好像变了一个人，他不仅不再扩张商业规模反而缩小了自己原有的企业，他将大部分资产捐给了社会之后，便开始享受生活，每天喝喝咖啡，兜兜风，和朋友下下棋，和孩子们唱唱歌，笑声不断。

而且周围人都惊讶地发现原来雷厉风行的杰克现在变得慢条斯理，并且和蔼可亲。当被问及原因时，他感慨万千地说："自从那次海上遇难后，我学到了人生中最重要的一课，那就是：如果你有足够的新鲜水源可以喝，有足够的食物可以吃，就绝不要再奢求任何事情。"

的确，当我们达到目标时，却发现成功并不能使我们感到满足，于是不得不继续追赶，得到越多就越发停不下来，到头来发现向前追逐的路永无尽头。这时我们就需要一种暂停的勇气，不仅让身体得到休息，更重要的是释放长久压抑的心灵。

现在，请暂停五分钟，让我们可以有机会走出压抑，去拥抱生活中的美好和快乐。你会发现，沿途的风景以及看风景的心情远胜于目的的达成。生活的意义不在于忙碌后的结果，而在于实现梦想的过程。

在人生的旅途上，别忘了暂时停下来驻足片刻，欣赏一下路边绽放的美丽。在努力打拼的同时，别忘了学会随时暂停，学会享受生活。或许，幸福的生活正在后面奋力地追赶着我们，只要暂时停一停，它自然就会与我们会合。

泡个澡，听听歌，在独立的空间平静内心

相信大家都有这样的感受：当内心感到万分压抑时，想立刻逃离目前的环境。当我们为幸福忙忙碌碌一整天，却发现幸福不在此刻。当自己打不开心灵的枷锁时，换一种生活也不失为上策。

泡个澡，听听歌，在独立的空间平静内心，聆听自己内心最真实的声音，或许你会发现现在的生活并不是你想要的，或许你会发现你已经在不经意间完成了曾经的梦想，只是因为现在有了新的追求而忽略掉了。

生活在快节奏的都市中，我们时常听不见自己的脚步声，甚至忘记了自我的存在，每天都是在"为了名利、为了财富、为了孩子"的奋斗之中度过。

久而久之，便忘了什么是生活，忘了什么是快乐，如同行尸走肉般穿梭于高楼大厦之间。

只有跟随内心的指引才能带来最持久和真实的快乐，因为人类自存在于这天地间，就伴随着思考与追求。可以为名，可以为利，可以为他人，但动力源只能来源于自己。当生活与内心的设想出现偏差，你或许是浑然不知的，但心灵是明了的，它于是便用压抑提醒你。

泡个澡，听听歌，给自己与心灵贴近的机会，洗去浑身的疲劳，安慰压抑的心灵。也许刚开始这么做的时候，你会觉得心慌意乱，因为你已经习惯繁忙带来的混乱。可是，如果你能静下心来享受其中，便会收获轻松与解脱。

张春是一家上市公司的老板，每天都忙得焦头烂额。但还是因为压力过大，不得不住进了医院。静养几天后，张春发现医生迟迟不给自己开药，也不让自己出院，这让他非常生气，他看到医生走过来，没好气地对医生说："你这是在耽误我的时间，你知道我每天有多少事情要处理吗！"

医生没有理会他，只是拿起一杯水问张春："你认为这杯水有多重？"

张春轻蔑地看了看，眼也不抬地说："最多五十克左右。"

医生接着问："那你现在拿着它保持一个姿势，看你能坚持多长时间？"

张春觉得这医生真是无聊，但看医生那认真的眼神，他只好接过杯子，一动不动地拿着。还没过五分钟，张春就有些发抖，又坚持了一会儿，他胳膊酸得不得了，只好对医生求饶："我实在坚持不了了。"

这时候医生说："这杯水并不重，但想一直拿着，就会带来问题。你现在还没拿十分钟，就已经觉得手酸，那么如果拿一天，可能就得叫救护车了。所以，如果我们要想拿得长久，就必须先放下这杯水，休息一下后再拿起来。"

听着医生的话，张春若有所思地说："您的意思是，让我学会休息？"

医生说："确实。只有懂得休息，才能将你现在的成功继续下去。你的'药方'已经开出来了，那就是从今天起，你每天都要泡一个热水澡，最好再听听音乐，在独立的空间平静内心。这样不仅能让你缓解工作中的压抑，还能让你感受一下工作之外的乐趣。”

后来，张春听从医生的建议，每天坚持泡澡，听歌，在泡澡的同时舒缓一下心情，享受一份安宁。就这样过了一段时间，张春感到身体健康了许多，工作效率也大大提高了。

泡个澡，听听歌，在享受的过程中，释放自己的压抑。长久地将自己置身于对名利的追求当中，当感到受挫或不满时，烦闷、哀怨等不良情绪就会充斥内心，若不给自己独立的空间来平静内心，时间一长，这些就会汇聚成压抑，像一块石头一样压在自己的心口，遮住了心灵的阳光，在人生的体验中不再感到轻松和愉悦。

真正的大智慧者一定是懂得享受生活的高手。他们能够在忙碌中挤出几分钟进行沉思或神游，无论是洗澡还是听歌，只要能够拥有独处和平静的时间，他们就能充分利用。因为他们懂得只有心灵轻松，才能在现有成功的基础上发展。

对于正在为事业打拼的你，在适当的时候，让自己休息片刻吧。一点点的休息时间，就有很强的修补能力，即使站在窗口欣赏五分钟的风景，也可以释放心中的压抑，莫要让压抑成为你前进的牵绊。

正如美国棒球名将康黎·马克说：“每次出赛之前，我都会抽出一些时间泡个澡，听听歌，平静一下内心，让自己的心灵给即将到来的比赛加油助威。别人总问我，为何自己那么刻苦训练，却总得不到回报，我就会对他说‘这是你不懂得休息’的缘故。”无论生活多么忙，我们都应该泡个澡、听听歌，洗去心灵的浮尘，净化心灵的烦琐，这样你才可以继续踏上人生的轻松之旅。